U0188973

拖拉机总动员
TOTAL TRACTOR

英国DK出版社 著 李睿 汪昭 译

科学普及出版社
· 北 京 ·

图书在版编目（CIP）数据

拖拉机总动员 / 英国DK出版社著；李睿，汪昭译 .
-- 北京：科学普及出版社，2023.6
书名原文：Total Tractor
ISBN 978-7-110-10399-9

Ⅰ. ①拖… Ⅱ. ①英… ②李… ③汪… Ⅲ. ①拖拉机
-青少年读物 Ⅳ. ①S219-49

中国版本图书馆CIP数据核字(2021)第250149号

策划编辑 张敬一
责任编辑 张敬一
图书设计 金彩恒通
责任校对 张晓莉
责任印制 李晓霖

科学普及出版社出版
北京市海淀区中关村南大街16号 邮政编码：100081
电话：010-62173865 传真：010-62173081
http://www.cspbooks.com.cn
中国科学技术出版社有限公司发行部发行
广东金宣发包装科技有限公司印刷
开本：889mm×1194mm 1/16
印张：8.75 字数：200千字
2023年6月第1版 2023年6月第1次印刷
ISBN 978-7-110-10399-9/S · 580
定价：88.00元

凡购买本社图书，如有缺页、倒页、脱页者，
本社发行部负责调换

For the curious
www.dk.com

目录

01 强大的机器   6

引言

　　欢迎来到神奇的拖拉机世界!一个多世纪以来，拖拉机的制造技术一直在稳步发展，以适应时代的需求。随着工程技术的进步，拖拉机已经从简单的发动机发展成了复杂、专业的机器。我们利用各种功能和型号的拖拉机来生产各种生活材料，养护公园和道路。同时，拖拉机也很有趣，在这本书里我们可以看到酷酷的拖拉机、可爱的拖拉机和看起来超级"疯狂"的拖拉机。快来看看你是否能找到自己喜欢的款式吧!

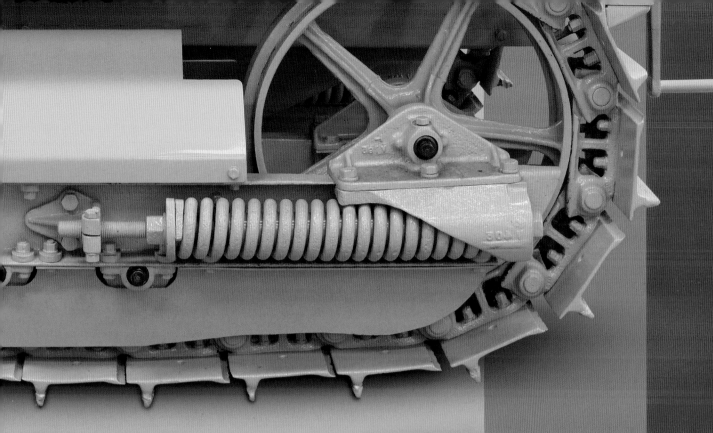

危险警告！

拖拉机有强大的快速移动部件，可能将肢体和衣物绞入其中！请勿靠近工作中的拖拉机。

编者注：本书中的品牌中文译名在第一次出现时用英文进行了标注。有些英文品牌名称尚没有统一的中文译法，编者采用音译、后面标注英文原文的方式表示；有些机器型号，国内惯用其英文名称，因此本书也保留其英文名称，以便读者能够更好地理解相关信息。如有翻译不准确之处，欢迎读者指正。

安全！

驾驶拖拉机和驾驶机动车一样，要遵守交通规则，把安全放在第一位！

注意警告！

拖拉机驾驶员受驾驶室位置限制，在行驶时可能无法看到附近的行人，也无法听到你的声音。因此，我们要自觉避开行驶中的拖拉机。

01

强大的机器

现代拖拉机

现代拖拉机是功能强大的机器，可以在复杂的地形上牵引重物，并为各种各样巨大的机器提供动力。拖拉机发动机的强度通常用"马力"来表示。马力是一种计量单位，使用历史可以追溯到蒸汽机被发明出来代替马匹工作的时候。

> 麦赛弗格森公司生产的拖拉机辨识度很高，因为它们几乎都是红色车身和灰色轮子的搭配。

护栏

前配重架

宽度为310厘米的轮胎

警示灯

3 米

5.2 米

麦赛弗格森7619

原产地：美国

首次生产时间：2013年

质量：10300千克

功率：170马力

驾驶室

挡泥板

麦赛弗格森
（Massey Ferguson）
从1958年以来，一
直坚持生产红色机
身的拖拉机，并成为
世界上非常受欢迎的
拖拉机品牌之一。

巨大的后轮支撑着
拖拉机的重量

轮胎表面凹凸
不平的深纹路
有助于增大在
田间泥土上行
驶时的抓地力

通往驾驶室的梯子

准备出发!

　　世界上的很多国家都在生产拖拉机。新的拖拉机通过卡车、火车或轮船运输,被送到世界各地的经销商手中,经销商再把它们销售给用户。

　　图中这些拖拉机已经准备好要运到船上了,而有些拖拉机则会以零件形式装运,到达目的地后再进行组装。

蒸汽动力

在拖拉机发明之前，人类用蒸汽机来驱动农业机械、牵引重物。蒸汽机一直很受欢迎，直到它们被更高效的内燃机（比如柴油机和汽油机）所取代，它们的工作方式与当今的汽车发动机相同。

这台由蒸汽驱动的拖拉机有一个燃煤锅炉炉膛，锅炉里的沸水会产生蒸汽。在高压下，蒸汽驱动机械部件转动驱动轮，使拖拉机前进。

你知道吗？
蒸汽拖拉机的最高速度是8千米/时。

飞球调速器

校准器

烟囱

安全阀

烟箱

铁轮

锅炉

转向链转动前轮

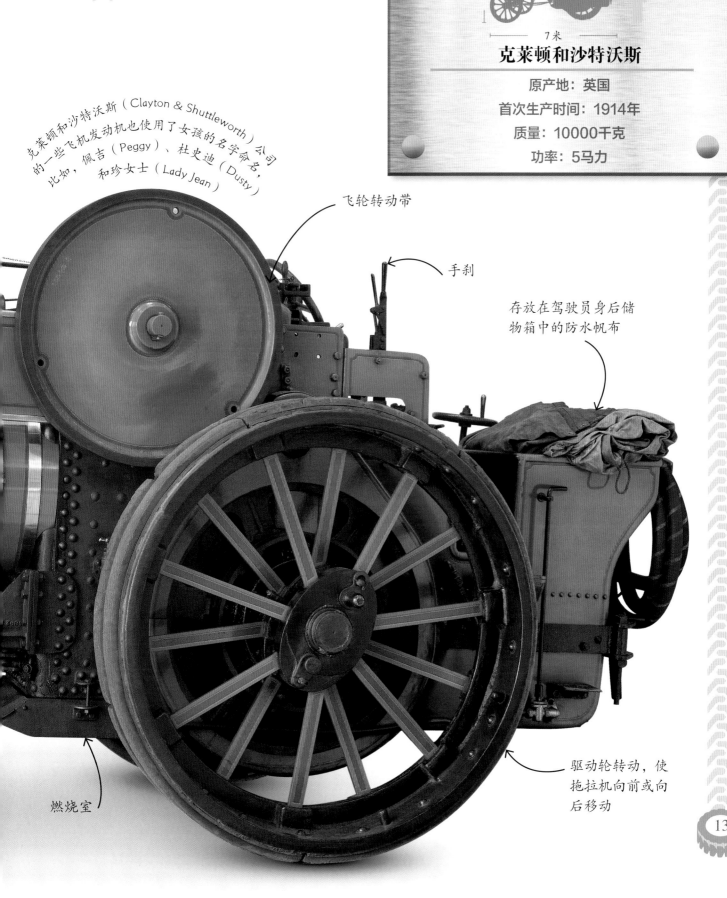

克莱顿和沙特沃斯公司不仅制造农用机械，还制造飞机。

4米

7米

克莱顿和沙特沃斯

原产地：英国

首次生产时间：1914年

质量：10000千克

功率：5马力

飞轮转动带

手刹

存放在驾驶员身后储物箱中的防水帆布

燃烧室

驱动轮转动，使拖拉机向前或向后移动

蒸汽发动机

大多数蒸汽拖拉机在驱动或牵引重型农用机械时都有着强劲的动力，但它们移动得非常缓慢。这些笨重的机器在速度上并不比它们所取代的马匹更快，但肯定动力更强大。

▼ 老尼克

马歇尔农用发动机 | 英国，1908年

马歇尔父子公司（Marshall, Sons and Co.）是一家著名的英国公司，以制造和出口蒸汽牵引发动机、蒸汽涡轮机、农用机和拖拉机而闻名于世。

这台发动机名为"老尼克"（old Nick）

烟箱门

BW 4509

橡胶外层的车轮

◀ 大草原汽船

胡贝尔185号 | 美国，1915年

这是最早的草原拖拉机之一，旨在帮助农民把美国广阔的土地变成高产的农田。

可以保护驾驶员和发动机的防护罩

▼ 开路之主

福勒犁地机 | 英国，1917年

这些机器是成对工作的。停好车后，它们会用绞车把一个巨大的犁从牧场的一边拖到另一边。

绞盘卷筒

蒸汽室

▶ 独特设计

艾利 | 英国，1911年

这台具有40马力的拖拉机极不寻常，因为它的发动机安装在下方，看起来更像一个移动的火车头。

车架下安装的发动机

锅炉

◀ 最后的蒸汽机

布莱恩轻型蒸汽拖拉机

美国，约1920年

这台机器里的水是用煤油而不是煤加热的，这意味着它的加热速度更快。

你知道吗？
蒸汽拖拉机上的锅炉必须定期测试，以确保它不会爆炸。

世界上第一台拖拉机

英国发明家丹尼尔·阿尔博恩（图中右侧）发明了第一台轻型拖拉机，当时他已经以赛车和制造自行车而出名。1902年，阿尔博恩的"艾维尔（Ivel）农业电机"（当时"拖拉机"一词还未被普遍使用）问世，获得了许多奖项。这种拖拉机只生产了大约500台。

早期的拖拉机

到了20世纪初，蒸汽动力已经成为过去。制造商开始生产汽油动力拖拉机，希望说服现代农民停止用马拉车做农活，而去购买他们的新型机器。

为农业机械提供动力的皮带和皮带轮

▲ 最早的拖拉机之一

艾维尔农业电机	英国，1902年

这款轻型汽油拖拉机有一个前进挡和一个倒车挡，能够产生8马力的动力。

顶上的遮阳篷可以为驾驶员遮挡阳光

◀ 最初的拖拉机

哈特-帕尔20-40	美国，1920年

这些巨型拖拉机是在美国艾奥瓦州制造的，用于在广阔平坦的草原上耕种。

哈特-帕尔（Hart-Parr）是第一家宣传其发动机为"拖拉机"的公司

经过改进的转向系统使转弯变得更轻松

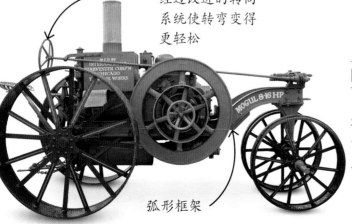

◀ 销售冠军

国际收割机大亨	美国，1914年

大亨（Mogul）拖拉机是在美国制造的，它非常受欢迎，并被运往世界各地的许多国家。

弧形框架

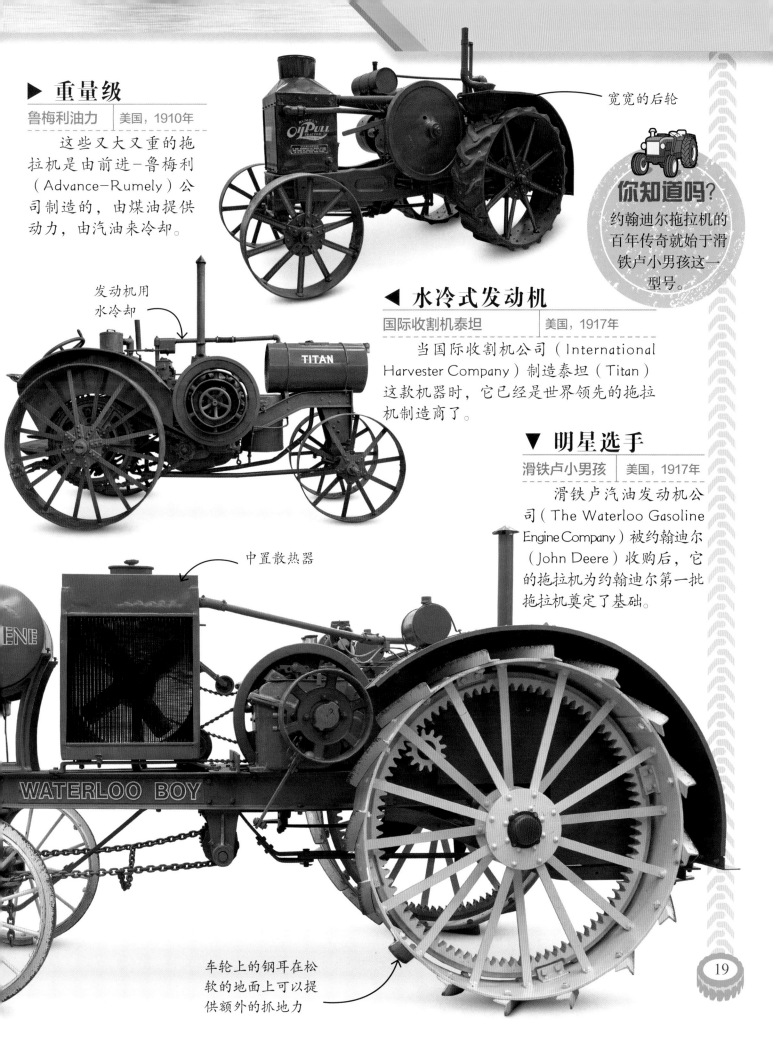

▶ 重量级

| 鲁梅利油力 | 美国，1910年 |

这些又大又重的拖拉机是由前进-鲁梅利（Advance-Rumely）公司制造的，由煤油提供动力，由汽油来冷却。

宽宽的后轮

发动机用水冷却

◀ 水冷式发动机

| 国际收割机泰坦 | 美国，1917年 |

当国际收割机公司（International Harvester Company）制造泰坦（Titan）这款机器时，它已经是世界领先的拖拉机制造商了。

▼ 明星选手

| 滑铁卢小男孩 | 美国，1917年 |

滑铁卢汽油发动机公司（The Waterloo Gasoline Engine Company）被约翰迪尔（John Deere）收购后，它的拖拉机为约翰迪尔第一批拖拉机奠定了基础。

中置散热器

WATERLOO BOY

车轮上的钢耳在松软的地面上可以提供额外的抓地力

形状变化

随着科学技术的进步，拖拉机变得更小、更轻、更方便使用，且外形更像现代拖拉机了。新机器价格更实惠，因此大多数农民可以购买自己的拖拉机了。使用拖拉机代替马匹，意味着农民可以用更少的人力耕种更多的土地。

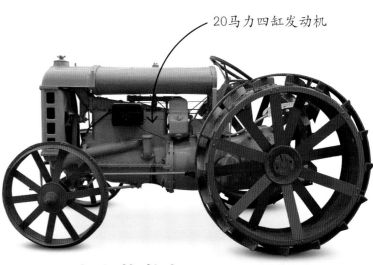

20马力四缸发动机

▲ 大众拖拉机

福特森F型	美国，1917年

福特森（Fordson）F型拖拉机被认为是世界上第一款小型、轻便、批量生产且价格实惠的拖拉机。

宽宽的挡泥板

CASE

▲ 实力选手

凯斯C型	美国，1929年

这款引人注目的凯斯（Case）小型拖拉机有着现代的流线型外观，由一台四缸汽油发动机提供动力。

▶ 通用拖拉机

法莫F-20	美国，1932年

这种轻型、易于驾驶的法莫（Farmall）拖拉机非常适合在农田里工作。它也可以用于三轮车模式。

驾驶杆

宽宽的前端

这种型号有四个前进挡和一个倒车挡

排气装置安装
在下面，就像
汽车一样

▶ 更快，更时尚

大卫·布朗 VAK 1	英国，1939年

这款大卫·布朗（David Brown）拖拉机具有独特的圆形设计，仪表盘周围有一个整流罩，可以在寒冷的英国冬天为驾驶员保暖。

◀ 制定标准

福特 9N	美国，1939年

福特（FORD）9N是第一台以"福特"命名的拖拉机。这款操作简单的拖拉机配备三点悬挂装置和后部动力输出轴，可为附加的机具提供动力。

一些早期的大卫·布朗拖拉机配有双座椅

整流罩可以保护驾驶员的手脚免受风雨侵袭

148690台这种拖拉机在 1932—1939 年间被制造出来

钢轮

橡胶轮胎

▲ 小灰菲吉

弗格森 TE-20	英国，1946年

这台举世闻名的弗格森（Ferguson）拖拉机是由爱尔兰工程师兼发明家哈里·弗格森设计制造的，至今仍深受收藏家的欢迎。

三轮拖拉机

三轮拖拉机是专为在种植的作物与作物之间作业而设计的。这些轻型拖拉机可以小心地在作物之间行走，转向非常容易，并且可以向右转一个小圈。这使它们适合在有限的空间内工作。

如今，三轮拖拉机看起来非同寻常，但在20世纪30到50年代的美国和加拿大，三轮拖拉机是最常见的拖拉机款式。

空气预滤器在空气进入发动机之前过滤空气

油箱盖

散热器盖

启动手柄

单前轮

三轮拖拉机可以搭配一系列机具使用。在上图中，一个"垄"正被拉着穿过犁过的土地，排成一行，为播种准备好整齐的行列。

你知道吗?

三轮拖拉机在颠簸不平的地面上行驶不够平稳，有时甚至会发生侧翻。

1.39米

2.99米

克莱特拉克（Cletrac）通用款

原产地：美国

首次生产时间：1939年

质量：1410千克

功率：17马力

有人甚至在拖拉机"舞会"上使用过三轮拖拉机

高间隙框架使拖拉机在不损坏作物的情况下驶过田间成为可能

后轮之间可调间距

切换柴油模式

与汽油发动机相比，柴油发动机有许多优点——效率更高，不会发生爆炸，更安全、更耐用。尽管有这些优点，柴油动力拖拉机直到20世纪60年代才开始普及。

四缸柴油发动机

钢制履带

▲ 履带动力

卡特彼勒 60	美国，1931年

由于农民们不习惯使用柴油，第一代柴油卡特彼勒（Caterpillar）拖拉机卖得并不好。但柴油最终还是成为所有现代农民的首选燃料。

▶ 柴油之下

麦当劳TWB	澳大利亚，1932年

这台澳大利亚柴油拖拉机是由墨尔本的先驱麦当劳（McDonald）兄弟设计的。流行的TWB型号是基于兰茨斗牛犬和鲁梅利两种拖拉机设计的。

用来冷却发动机的风扇

消音器

大型球状
排气管

装有挡风玻璃的
高速道路款

MARSHALL
DIESEL
TRACTOR

通过将长皮带连接在皮带轮上，这台拖拉机可以为其他机器提供动力

▲ 热狗

兰茨斗牛犬 D9531	德国，1935年

这款单缸柴油兰茨斗牛犬（Lanz Bulldog）由一台"热球"发动机提供动力，必须在发动机启动前对其进行加热。

飞轮可以储存来
自发动机的能量

四缸液冷柴油发动机

▲ 昂贵且嘈杂

马歇尔 12-20	英国，1936年

这款拖拉机是菲尔德·马歇尔（Field Marshall）拖拉机的前身，由单缸柴油发动机驱动。发动机在运行时会发出响亮、独特的"砰砰"声。

带软垫的
驾驶员座椅

INTERNATIONAL

▶ 新燃料先锋

国际 TD-14	美国，1939年

20世纪30年代，国际（International）公司生产的拖拉机配备了柴油发动机，与汽油发动机相比，柴油发动机更能承受重载，而且运行成本也更低。

2.9米

4.9米

纽荷兰T6.140甲烷动力

原产地：美国

首次生产时间：2013年（原型）

质量：9000千克

功率：135马力

你知道吗？
甲烷拖拉机的有害排放物比柴油拖拉机少80%。

安全舒适的驾驶室

NEW

可替代的燃料来源

大多数拖拉机都要消耗大量柴油——一种昂贵的、不可再生的化石燃料。科学家正在努力研究其他更可持续、对环境危害更小的燃料，例如甲烷气体（来自动物粪便）和生物燃料（来自发酵作物）。

液压油缸可以抬起和放下前铲斗

这台拖拉机可以收集并运送粪便到甲烷气体收集装置

可持续农业

如果一个农场能够生产自己的燃料，它就可以节省资金，并有助于环境保护。可持续发展的农场可以使用动物或农作物来生产自己的燃料。动物粪便会释放甲烷气体，向日葵、油菜和甘蔗等农作物可发酵生产生物燃料。

粪便产生甲烷气体，发酵作物产生生物燃料

农场饲养动物或种植庄稼

燃料为农场的拖拉机提供动力

这台纽荷兰（New Holland）T6.140拖拉机拥有常规拖拉机的所有功能，但它使用甲烷气体而不是柴油运行。燃烧甲烷产生的污染物较少，而且甲烷发动机比柴油发动机运行起来更安静。

未来的农业

拖拉机必须适应农业生产不断变化的需求。随着人口的增长，需要更高效的机器来帮助生产足够的食物和材料。维美德公司（Valtra）设计的概念拖拉机"蚂蚁"目前仅是一个模型，但它可能代表拖拉机设计的未来。这是一款万能的机器，可以适应任何任务。

轮胎和踏板

拖拉机用途广泛，可以在许多不同的地形上作业，但有些地面需要专门的车轮或轮胎。大多数拖拉机的车轮和轮胎都可以在必要时拆卸和更换。不同的胎面花纹可以用于不同的地形。

以往，大多数拖拉机的车轮都是钢制的。轮辋边缘的尖齿（铲耳）可以提供额外的抓地力。

在土地上工作时，铲耳可以提供额外的抓地力

普通钢制轮

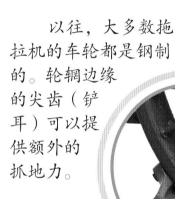

铲耳

可拆卸的路带可以防止损坏道路或田地

路带

这台梅西哈里斯拖拉机是四轮驱动的

现在，大多数拖拉机的钢制轮辋外都安装了橡胶轮胎，这比使用全钢车轮乘坐起来更舒适。

工业拖拉机外胎抓地力通常较小，因为它们主要在沥青混凝土路面进行工作

带棱纹的轮胎转弯灵活，抓地力好

三棱前轮

工业轮胎

带有标准胎面花纹的大轮子，适合农用

如果拖拉机侧翻，防侧翻杆可以保护驾驶员

农用轮胎

用于运动场、草坪等地的光滑草皮轮胎

草皮轮胎

宽大的"浮动轮胎"将拖拉机的重量分散到更大的区域，使其不太可能陷入地面。

"到南极的旅程花了80多天，路程1930千米。"

去南极

1958年，这些可靠的弗格森拖拉机把探险家埃德蒙·希拉里爵士(图左)和他的船员带到了南极。"弗吉"（人们对"弗格森"拖拉机的昵称）的两侧都安装了一套额外的车轮和履带，以在雪地和冰面上提供抓地力。帆布驾驶室可以为里面的人抵御严寒。

履带牵引

履带式拖拉机用履带而不是车轮行驶，非常适合在不平坦的地面、泥地和雪地上工作。履带可以将重量均匀地分散到地面上，为这些全地形车辆提供了极好的抓地力和稳定性。

重型钢制履带

▼ "卡特"的足迹

卡特彼勒D7 | 美国，1940年

这台卡特彼勒可以拉动沉重的犁，也可以安装前铲刀，作为推土机工作。

▲ 昂贵的拖拉机

福勒旋翼机 | 英国，1927年

这种精巧的履带式动力耙可以开垦和修整凹凸不平的土地，但对大多数农民来说价格太贵了。

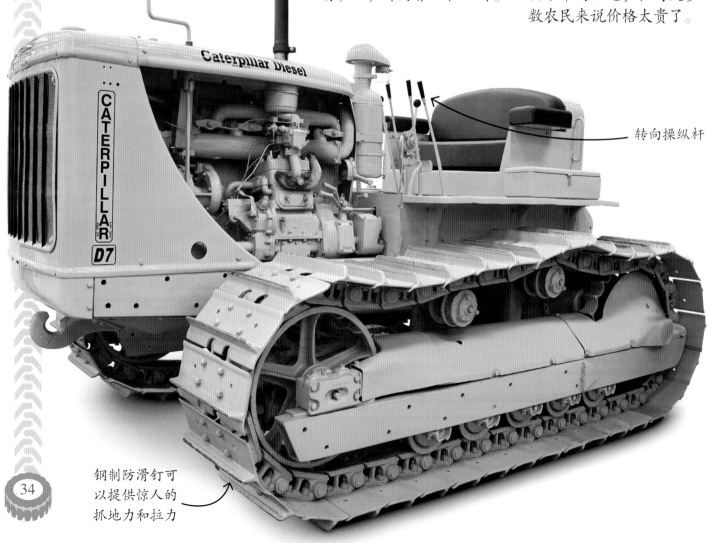

转向操纵杆

钢制防滑钉可以提供惊人的抓地力和拉力

履带是怎样工作的

传动链轮的齿可以锁定在履带内侧的槽里，并带动履带转动，其工作原理与自行车链条相同。当履带绕履带架转动时，惰轮和滚轴会将履带固定在适当的位置。

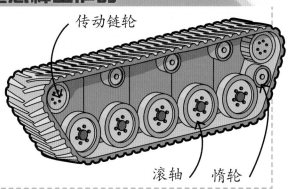

传动链轮

滚轴　惰轮

这台挖掘机可以在履带保持静止的情况下转向右边

传动链轮

防滑钉　履带架

▲ 坦克履带

阿尔斯维FV103 斯巴达	英国，1978年

这些装甲运兵车已经为英国军队服务了几十年，它们的速度可以达到95千米/时。

◀ 挖土机

约翰迪尔160D LC	美国，2007年

这样的履带式挖掘机非常适合修路。建筑工地上尖锐的石块可能会刺穿轮胎，但履带非常坚韧且灵活。

▶ 变成橡胶

约翰迪尔 333E履带式装载机

美国，2013年

该装载机具有三角形驱动履带系统和橡胶履带，非常适合在沥青混凝土路面上作业，因为它们不会损坏路面。

橡胶履带

履带式拖拉机比轮式拖拉机速度慢，但当路面情况差、行驶条件艰苦时，它们的优势就可以体现出来了。履带可以将拖拉机的重量分散到更大的面积上，防止其打滑或陷入松软的路面，例如泥地、沙地或雪地等。

> 挑战者是近三十年前第一家生产橡胶履带式农用拖拉机的制造商

排气管排出柴油发动机产生的废气

后视镜

前照灯

此处的重量有助于拖拉机在牵引重物时保持平衡

挑战者（Challenger）公司推出了橡胶履带，让履带式农用拖拉机也能在道路上行驶了——早期履带车的金属履带有时会破坏平整的路面。

坚固的橡胶履带

MT765D

3.4米

6米

挑战者MT765D

原产地：美国

首次生产时间：2012年

质量：14095千克

功率：350马力

驾驶室

在道路上行驶时
使用的指示灯

驱动轮

后悬挂装置

加速

大多数拖拉机在农业工作中只需缓慢且平稳地前进，但有时也不得不在道路上快速行驶——例如从农场到市场。这些拖拉机就是为需要加速的任务而设计的。

双排气系统

▲ 快节奏表演者

必玛360 | 法国，1983年

这款高性能的必玛（Bima）360诞生于法国，具有前后动力输出和联动装置。它有一个独特的前置驾驶室，为驾驶员提供了极佳的视野。

燃油效率高的发动机

▲ 为速度而生

川特MK ii | 美国，1983年

这款川特（Trantor）高速运输拖拉机远远超前于它的时代，是第一批既能用作拖拉机又能用作卡车的机器之一。

▶ 加速

MB Trac 1000 | 德国，1980年

与20世纪80年代早期的其他拖拉机相比，梅赛德斯－奔驰（Mercedes Benz)制造的MB Trac速度非常快，而且设计具有未来感。

高高的驾驶室

▶ 快速且舒适

| 科乐收 Xerion 3800 | 德国，2007年 |

这款379马力的德国制造的科乐收（Claas）采用四轮转向和六缸柴油发动机，速度可以达到50千米/时。

前悬挂装置

四个车轮大小相等

▼ "一马平川"

| 芬特936 | 德国，2006年 |

与其他许多运行速度较快的拖拉机不同，这款德国制造的芬特（Fendt）936保留了拖拉机的传统外形，速度可以达到50千米/时。

驾驶室配有空气悬架系统，使驾驶更平稳

涡轮增压六缸柴油机

搭载高科技刹车系统使这台拖拉机非常安全

高速行驶者

令人惊叹的JCB Fastrac不仅是为力量而设计，也是为速度而设计的。这些超高速拖拉机可用于日常农活，但它们也可以在道路上快速舒适地行驶，非常适合高速牵引重型负载。

许多农用拖拉机在高速行驶时可能会有弹跳和不舒服的感觉，但JCB Fastrac具有独特的全方位悬挂系统，可以为驾驶员提供安全、平稳的驾驶体验。

你知道吗？
一些JCB Fastrac的速度可以达到80千米/时。

发动机罩下是六缸柴油发动机

用于升降农具的液压臂

大号车轮

宽敞的中央驾驶室为驾驶员提供了平稳的驾驶体验

3米

5.8米

JCB Fastrac 185-65

原产地：英国

首次生产时间：1994年

质量：6500千克

功率：188马力

顶部连杆将农具
连接到拖拉机上

后挡泥板

SELECTRONIC

JCB

通往驾驶室的梯子

拖拉机驾驶室

由于早期的拖拉机没有驾驶室，所以驾驶员不得不直面恶劣的天气条件。如果拖拉机翻倒，驾驶员还有受伤的危险。同时，这些拖拉机噪声很大，开起来也很费劲。而现在的拖拉机驾驶室安静且安全，有舒适的座椅，按钮、操纵杆和电脑显示屏也一应俱全。

老式拖拉机

没有安全驾驶室保护驾驶员

硬的金属座椅

现代拖拉机驾驶室

精准定位

GPS（全球定位系统）利用环绕地球运行的卫星网络来计算你的位置。一台安装在拖拉机上的接收器可以接收至少三颗GPS卫星发出的信号，以准确计算出它的位置。

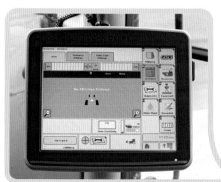

卫星导航能够帮助农民计算农田的准确面积，从而均匀地分配种子、化肥或杀虫剂。

你知道吗？
第一批为拖拉机制造的驾驶室只是简单的防风雨罩。

显示拖拉机和发动机速度的仪表盘

拖拉机驾驶室的这一部分方便驾驶员管理拖拉机的一些基本控制装置，包括加速器、齿轮、滑阀和液压控制。

这个易于触及的面板包含一些更复杂的拖拉机控制系统，例如驾驶室的空气悬架系统和动力输出速度。这些控制装置还可以管理附属于拖拉机的工具。

发动机运转

拖拉机是协助人类从事各种工作的机器，不过它们也非常有趣。许多人都喜欢参加农业展览和复古集会。在这些活动中，你可以看到各种各样的拖拉机，更多了解你喜欢的机器和现场能看到的机器，甚至包括一些你想象不到的款式。

JCB反铲装载机的展示团队被称为"跳舞的挖掘者"，让观众惊叹不已。

控制铲斗的液压油缸

安全的驾驶室能够保护驾驶员

法莫拖拉机表演的"广场舞"以精心编排的舞蹈来娱乐观众，这需要高超的驾驶技巧和精准的表演。

拖拉机公路"跑步"非常有趣。驾驶员以及拖拉机有时会"穿"上奇装异服，目的是为慈善事业筹集资金。

控制提升臂的液压油缸

凭借技术精湛的驾驶员，这些JCB反铲装载机可以在惊险的角度进行特技表演

复古集会和展览以收藏的古董拖拉机为特色，所有者通常很乐意回答有关自己拖拉机的问题。

拖拉机耕地是一项国际运动。车手们在专业项目上竞争，看谁能开出最整齐的车辙。

"Brek 't o...

Castrol

cp
CARRILLO

CLAAS

牵引游戏

这台经过精密改装的拖拉机正在参加世界上最强大的赛车运动——动力牵引比赛。汽车爱好者和工程师们创造了这些外观疯狂、动力超群的拖拉机，其中一些甚至配有喷气式发动机！驾驶员们要比赛看哪辆拖拉机能牵引一辆巨大的雪橇开出最远的距离。

修复拖拉机

古董拖拉机和经典拖拉机都非常值得收藏，许多人喜欢修复和保存这些迷人的旧机器。损坏的机械部件被修理或更换，拖拉机机身也被重新喷漆——一辆旧车焕发出了全新的生命力。

仍在工作

一些收藏家更愿意让他们的拖拉机自然老化。下图中的大卫·布朗25号的历史可以追溯到1953年，它从未被修复过。最初的红色油漆随着时间的推移已经褪色，但拖拉机的机械保养良好，仍保持着良好的工作状态。

在修复之前，这款法莫H的油漆和轮胎已经磨损，而且需要新的排气管。

经过修复，莱利·汉森的这台拖拉机看起来和1953年全新时一样。

已被重新漆成
原来的颜色

451 CUBES

case
1070

这台破旧的凯斯
拖拉机轮胎开裂、锈
迹斑斑，是修复项目
的理想候选。

必须小心地贴
上新的贴纸

瑞恩·哈斯和他的凯斯1070
拖拉机在2012年美国德洛拖拉机
修复比赛中获得了大奖。

修复者通常会安装新的
轮胎，因为旧轮胎可能
会磨损和破裂

这台1966年款约翰迪
尔高产量拖拉机已有大量
磨损，油漆也已经褪色。
来自得克萨斯州迪凯特的
一组修复人员非常努力地
工作，以期在修复比赛中
获奖。

玩具拖拉机

各个年龄段的人都会对缩小的微型拖拉机着迷。这些微型拖拉机中的大多数都是有趣的玩具，其中一些较为古老的型号可能是很罕见的，具有收藏价值。

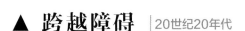

▲ 跨越障碍 | 20世纪20年代

这台有趣的发条式拖拉机是在美国纽约制造的。上发条后，它可以越过障碍物。

◀ 上发条的拖拉机 | 20世纪60年代

一把小钥匙就能启动这台拖拉机，发条装置能够驱动拖拉机前进。它可以牵引许多附件，包括图中这个圆盘耙。

有些拖拉机模型带有驾驶员

▶ 可逆装置 | 1967年

这款20世纪40年代的热特（Zetor）拖拉机由发条驱动，因此需要上发条。令人惊讶的是，它有三个前进挡和一个倒车挡。

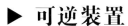

着色的格栅条

▶ 弹簧圈 | 1916年

这个玩具拖拉机内部有一个弹簧，当向后拉并松开时，它会加速前进。

▲ 微型压铸拖拉机 | 1959年

许多公司都生产拖拉机的模型，比如这款火柴盒大小的福特森Major。

当时的玩具通常都是用锡做的

微型牵引绳

▲ 益智玩具 | 20世纪50到60年代

这款彩色塑料拖拉机可以拆开，展示真正的拖拉机是如何组装在一起的。

驾驶员的四肢可以活动

橡胶前车轮

▲ 狡猾的汤米 | 20世纪60年代

这款老式电池驱动的玩具拖拉机有着塑料车身、马口铁后轮和一个驾驶员。

车轮在皮带状的履带内侧转动

▲ 发条履带 | 20世纪60年代

这台德国制造的马口铁发条式拖拉机是一款迷人的玩具，它准确地展示了履带式拖拉机的工作原理。

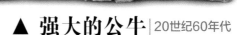

▲ 强大的公牛 | 20世纪60年代

这辆精致的马口铁制拖拉机是日本制造的。它有一个振动的发动机，能像真正的履带式拖拉机那样前进。

驾驶拖拉机

驾驶玩具拖拉机很有趣，有些骑乘玩具是踏板驱动的，也有一些是电池驱动的，甚至还配有刹车和加速器，就像真的一样。这些拖拉机可能很小，但驾驶时也不要忘记戴上头盔，特别是在坚硬的路面上快速行驶时。

02

在农场

世界各地的拖拉机

许多国家都会生产制造拖拉机，比如中国和印度制造了大量广受欢迎的紧凑型拖拉机。

倾斜的前机盖

▶ 国际化的拖拉机

贝拉鲁斯952 | 白俄罗斯，1995年

白俄罗斯的明斯克拖拉机工厂生产的贝拉鲁斯（Belarus）轮式拖拉机约占世界总产量的8%，它们被认为是可靠、简单且实惠的。

▲ 法式风格

雷诺 Ares 710 RZ | 法国，2009年

一些制造商会使用其他公司生产的拖拉机零件，比如这台雷诺（Renault）拖拉机配有六缸约翰迪尔发动机。

▼ 可靠的多面手

索纳利卡 Solis-20 | 印度，2010年

这些低成本、紧凑型的印度制造索纳利卡（Sonalika）拖拉机深受农艺、园艺爱好者和小农场主的欢迎。这款拖拉机配有一台三缸、18.5马力的三菱发动机。

前配重

小而轻的工具

▲ 经济实惠的表演者

YTO 180 | 中国，2014年

世界上最经济实惠的拖拉机中有一部分是在中国制造的。这款18马力的YTO拖拉机是小型企业的理想选择。

后挡泥板

▶ 紧凑的4×4

久保田L3200 | 日本，2012年

这款久保田（Kubota）小型四轮驱动拖拉机配有一台31马力的发动机，可与前铲斗和反铲装载机配合使用。

可折叠的防侧翻杆

排气管

▶ 大功率产品

热特 Major 80 | 捷克，2013年

热特生产简单可靠的拖拉机。这是一款配备80马力发动机的四轮驱动拖拉机。

油箱位于驾驶室的梯子旁边

55

农家女孩

第二次世界大战期间，英国农场工人严重短缺，因为很多男人都去当兵了。受雇于政府的农家女孩们通过学习驾驶拖拉机、犁地和收割庄稼来养活自己。

图中这个女孩驾驶的是一台福特森N型拖拉机。

电源插座

早期的拖拉机只是用来取代马匹提供牵引力的，但今天的拖拉机是更复杂的机器。它们强大的发动机可以为更多的工具和设备提供动力。

你知道吗？
发动机的动力由交流发电机转化为电能。

这张特写图片显示了一个电源插座（右侧）和一个空气制动器插座（左侧）。它们用于将拖车连接到拖拉机，为车灯供电，以便拖车与拖拉机同时刹车。

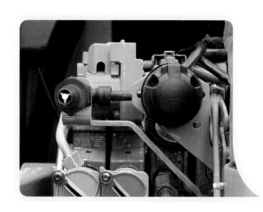

三点联动系统由一个顶部连杆（图中黄色悬挂索的上方）和两个用于提起和搬运工具的液压臂组成。

液压管（装满液体）插入这些插座，以操作用于提升和倾斜装载机和拖车的闸板。

动力输出轴是一根旋转杆，从发动机获取动力，以驱动打捆机等设备。它运转时会高速旋转，非常危险。

挂接装置是一个挂钩，拖拉机驾驶员可以在不离开驾驶室的情况下提升或连接拖车和机具。

草原巨头

北美开阔的大草原需要大型拖拉机来开垦土地。这些又大又重的拖拉机需要消耗大量的燃料，而且它们非常高，操作人员必须爬上一小段梯子才能到达发动机。

一望无际的北美大草原从未被开垦过。双城（Twin City）拖拉机帮助美国农民把这片荒野变成了肥沃的农田。

顶罩保护发动机免受日晒雨淋

圆筒状散热器

实心铁轮

方向盘与前轮相连

煤油发动机

驾驶员要绕到后面才能上去驾驶这台拖拉机

到达发动
机的梯子

后轮就像蒸汽牵引发
动机上的轮子

二合一

最奇怪的改装拖拉机也许还要属Doe Triple-D。世界上第一台双头拖拉机是由英国农民乔治·普赖尔制造的。随后，他又请欧内斯特·多伊父子公司（Ernest Doe & Sons）改进了他那疯狂的想法——将两台福特森大型拖拉机连接在了一起。

你知道吗？
在路上行驶时，Doe Triple-D拖拉机可以只运行一台发动机，以节省燃料。

空气滤清器进口

鼻锥

挡泥板

发电机

在制作Doe Triple-D时，要将两台拖拉机的前轮和车轴拆下来，通过转盘将它们连接在一起，行驶时就可以在中间转弯了。

20世纪50年代，随着英国农场的迅速扩大，农民开始需要更大功率的拖拉机。通过两台拖拉机的结合，Doe Triple-D成为四轮驱动拖拉机，其功率是当时大多数拖拉机的两倍。

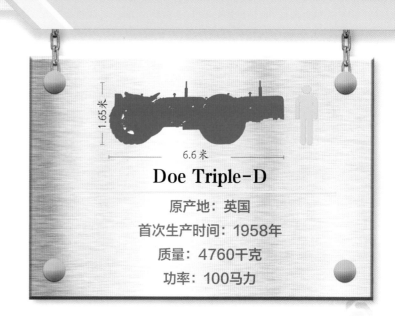

1.65米

6.6米

Doe Triple-D

原产地：英国

首次生产时间：1958年

质量：4760千克

功率：100马力

排气管

驾驶员在拖拉机后部的这个位置上操控

第二台拖拉机的发动机罩

使拖拉机可以弯曲的液压油缸

四个大小相同的轮子

"巨无霸"

快闪开，拖拉机世界真正的"巨无霸"来了！这些大型拖拉机是为了在广阔的、适宜耕种的农田上牵引超宽犁和耕作机而设计的，它们的重量和宽度使其中的大多数都过于沉重而笨拙，不适合在植株脆弱的作物周围或狭小的空间内工作。

巨大的轮子

▲ 灵活的拖拉机

麦赛福格森 1200	美国，1972年

这种四轮驱动拖拉机是铰接式的，也就是说它可以在中间弯曲——这么大的拖拉机必须如此，否则它需要很大的空间才能转一圈。

▼ 八轮

沃斯泰尔 BIG ROY	加拿大，1977年

沃斯泰尔（Versatile）公司以制造大型拖拉机而闻名，但它只制造过一台"Big Roy"。这台6.7米宽、600马力的巨型拖拉机现在位于加拿大马尼托巴省的一家博物馆中。

Big Roy 重达26吨

▼ 全世界最大

Big Bud 16V 747 | 美国，1978年

世界上只有一台Big Bud 747，它以世界上体积最大的拖拉机而闻名，其轮胎直径为2.4米。

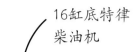

16缸底特律柴油机

大型散热器装有用于冷却发动机的液体

◀ 四履带驱动

凯斯IH履带拖拉机 | 美国，1996年

巨大的拖拉机会压实土壤，使其变得贫瘠，但这种拖拉机凭借其宽履带避免了这个问题。

三角履带架

▶ 重型

基洛夫斯基K745 | 俄罗斯，2002年

这台巨大的铰接式拖拉机由俄罗斯的基洛夫斯基·扎沃德（Kirovsky Zavod）公司制造，该公司自1962年以来一直在制造功能强大的重型拖拉机。

八轮驾驶

通往驾驶室的梯子

"怪兽"拖拉机

自20世纪50年代以来,拖拉机的尺寸一直在扩大。今天的大功率拖拉机可以轻松地牵引大型机械,使农民在大片田地上快速高效地工作。拖拉机驾驶室配有舒服的座椅、控制按钮、空调,甚至还能隔音,这些都让驾驶员更加轻松方便。

向侧方开口的排气管可以将排出的废气从挡风玻璃前引开

这个格栅后面的巨大散热器有助于冷却发动机

前配重可以平衡拖拉机后部的重物

接收无线电
信号的天线

能提供良好视野
的大后视镜

有些拖拉机可以增加额外的车轮，以提供更好的抓地力和更大的牵引力。更多的车轮还有助于防止拖拉机在松软或潮湿的地面上下沉。

3.7米

7.5米

纽荷兰 T9.505

原产地：美国

首次生产时间：2013年

质量：22450千克

功率：457马力

这个"主销"将拖拉机的两个部分连接在一起

一些拖拉机是铰接式的，这意味着它们被分成两部分并在中间铰接。这些拖拉机非常容易驾驶，并能够在非常小的空间内转弯。

为了让这些巨型拖拉机进出方便，农场的大门不得不加宽。

挤压感

　　20世纪40年代的拖拉机如果停在像约翰迪尔9400这样的庞然大物旁边，看起来完全就像个小玩具。农用拖拉机的大小是受限的。大多数拖拉机必须在公路上行驶。然而，如今的一些庞然大物已经很难在狭窄的农场小路上行走了。

中耕拖拉机

这些轻便、灵活的拖拉机可以在作物行间工作，不会损坏作物。驾驶员必须小心地定位拖拉机的窄车轮，让它们能够在纤弱的植物之间或上方通过。

高间隙框架

▲ 三轮拖拉机

法莫F-12 | 美国，1932年

这些小型的、价格实惠的拖拉机在美国非常受欢迎。早期的型号是战舰灰色的，如图所示；后期的型号多是红色的。

▼ 引领潮流

奥利弗·哈特-帕尔70

美国，1935年

这种拖拉机配有六缸汽油发动机，流线型外观完全不同于20世纪30年代的其他拖拉机。

封闭式发动机舱

转弯半径

通过采用独立的制动器来停止单个后轮，三轮拖拉机可以在自己的长度范围内转动方向。这款拖拉机可以轻松地旋转一圈，这一特性使它非常适合在封闭空间中操作。

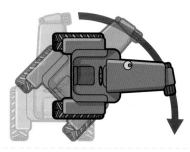

▶ 小而强大

约翰迪尔 B | 美国，1935年

这款流行的小型拖拉机有着双缸发动机和绿色搭配黄色的醒目外观。它不同寻常的转向臂正好越过发动机罩的顶部。

转向臂

窄前轮

油箱

▲ 自行组装

| 蒂曼 | 美国，1936年 |

　　这种蒂曼（Thieman）拖拉机以套件形式出售。农民们需要自己组装，并装配上自己从旧卡车和汽车中回收的发动机。

宽前轴

驾驶员的座位

◀ 强大的助力

| 福特 951 Hi-crop | 美国，1958年 |

　　这台拖拉机的前轴又高又宽，非常适合通过高大作物而不会碾压它们。

排气管

▶ 动力启动器

| 梅西-哈里斯 101 Junior | 美国，1939年 |

　　早期的拖拉机一般通过转动手柄或皮带轮来启动，这台101拖拉机是最早配备电动启动器的拖拉机之一。

农场
的一年

在大多数农场里，拖拉机一年四季都要工作。在一个谷物农场，拖拉机首先要忙于犁地和准备土壤，播种，照料庄稼，然后就是收获季——一年中最繁忙的时节。

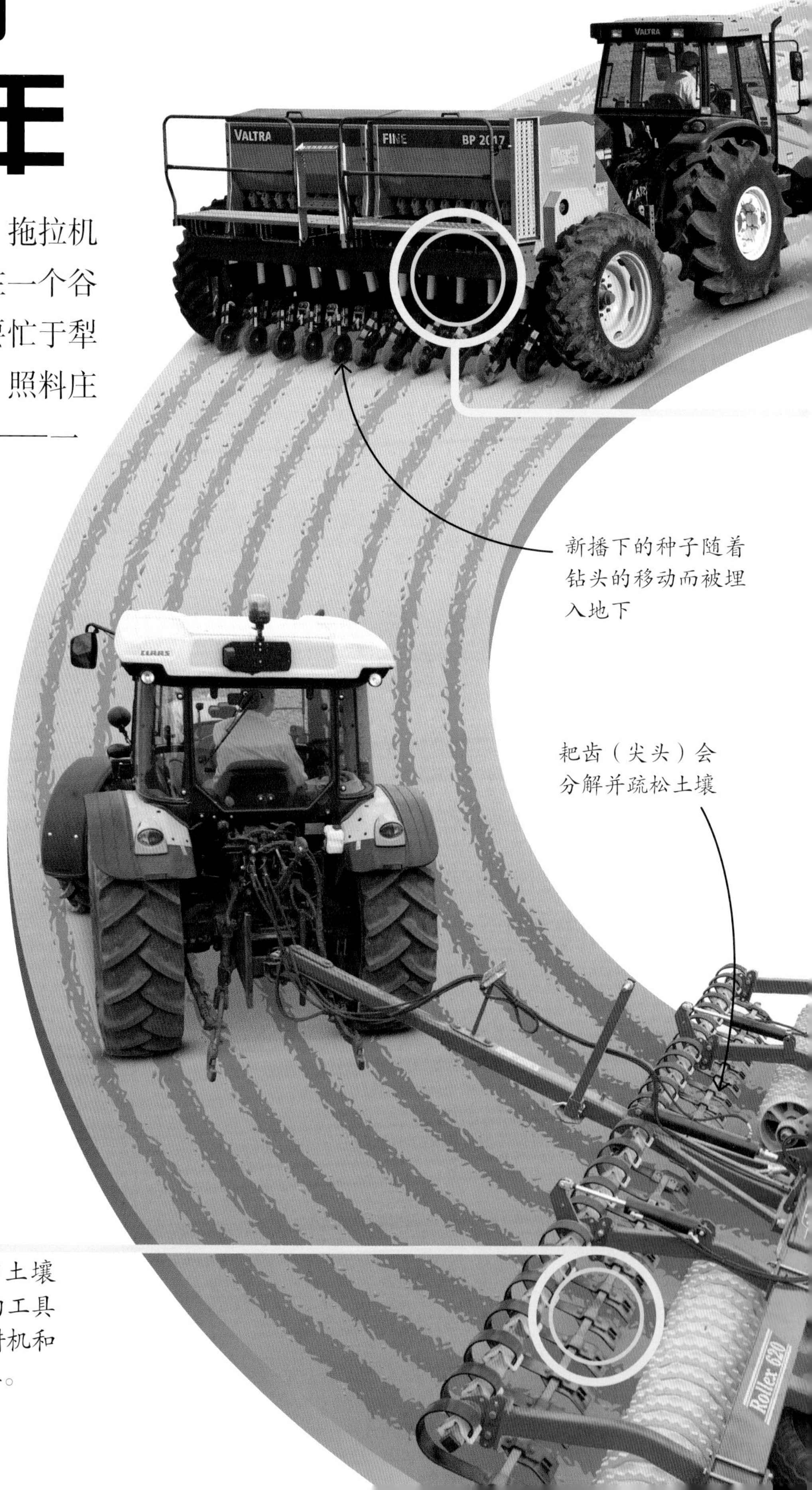

新播下的种子随着钻头的移动而被埋入地下

耙齿（尖头）会分解并疏松土壤

" 在收获季，拖拉机经常要日夜不停地工作。 "

1. 耕作

在为种植农作物耕作土壤时，拖拉机将为几种不同的工具提供动力和牵引。犁、中耕机和耙可用于翻土、松土和耙土。

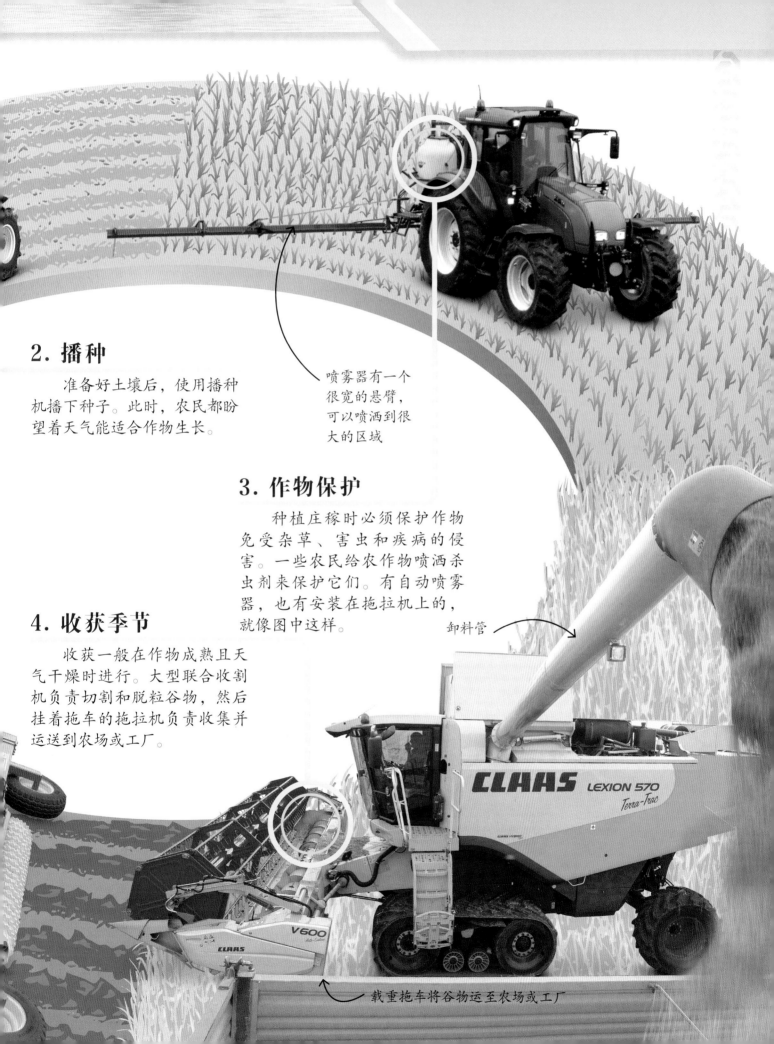

2. 播种

　　准备好土壤后，使用播种机播下种子。此时，农民都盼望着天气能适合作物生长。

喷雾器有一个很宽的悬臂，可以喷洒到很大的区域

3. 作物保护

　　种植庄稼时必须保护作物免受杂草、害虫和疾病的侵害。一些农民给农作物喷洒杀虫剂来保护它们。有自动喷雾器，也有安装在拖拉机上的，就像图中这样。

卸料管

4. 收获季节

　　收获一般在作物成熟且天气干燥时进行。大型联合收割机负责切割和脱粒谷物，然后挂着拖车的拖拉机负责收集并运送到农场或工厂。

CLAAS LEXION 570 Terra-Trac

V600
CLAAS

载重拖车将谷物运至农场或工厂

土地
"破坏者"

巨大的现代犁是一种重型农具，由强大的拖拉机牵引，用来耕松并翻转土壤。刀片可以松土，形成犁沟，为播种或种植做好准备。现代犁通常都有许多犁片。

春天，在农民种植作物之前要先把田里的土犁好。

用于翻土的犁片

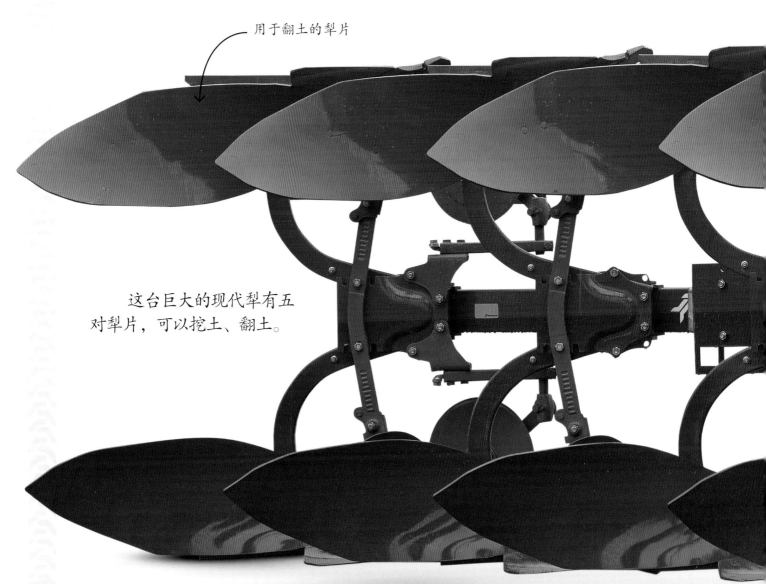

这台巨大的现代犁有五对犁片，可以挖土、翻土。

翻转犁

翻转犁有两组相对的、可旋转的犁片。在一个犁沟完成时，只要翻转过来就可以开始下一个犁沟。而只有一组犁片的犁只能朝一个方向犁地，所以这种拖拉机必须绕着农田转一圈才能开始一个新的犁沟。

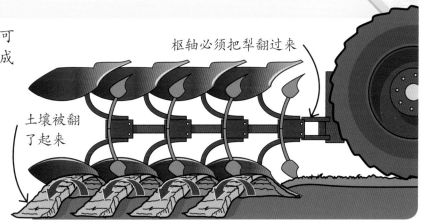

枢轴必须把犁翻过来

土壤被翻了起来

安装在拖拉机后面的犁

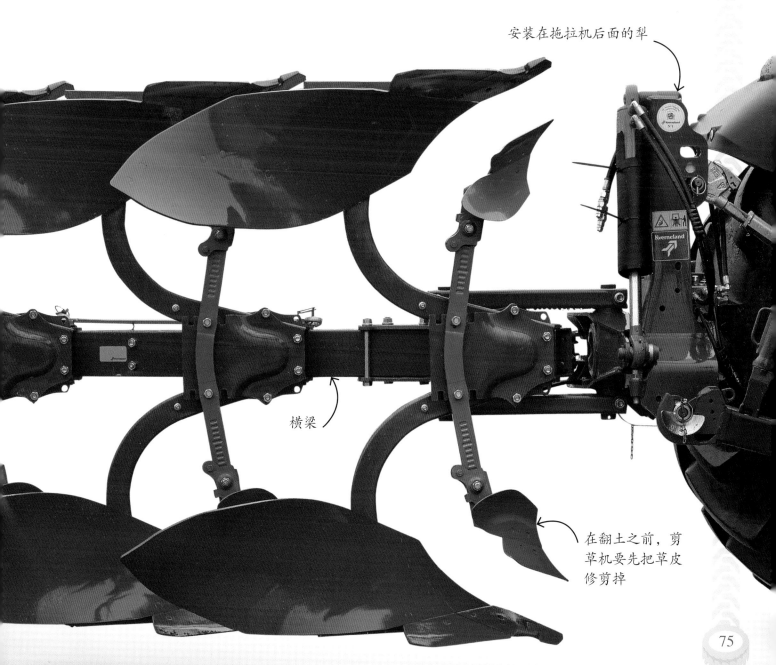

横梁

在翻土之前，剪草机要先把草皮修剪掉

翻动土地

即使有了重型拖拉机、多沟犁和高科技耕作机的帮助，农民和拖拉机驾驶员仍然需要长时间工作。一年中最繁忙的季节，拖拉机驾驶员会在夜晚打开车灯，彻夜耕作。

准备土壤

犁地只是把土壤翻过来，为了更好地为种植做准备，农民还必须把土壤进一步耕作成良好的耕地——有各种各样的专用工具可以完成这项工作。

驱动耙

▲ 破土机

马斯奇奥（Maschio）驱动耙

意大利

拖拉机的动力输出系统为耙提供动力，耙的旋转齿将泥土强行打碎，形成良好的苗床。

轮子可以放下来让滚轮在路上行驶

▲ 重型压路机

韦德斯达（Väderstad）Rollex | 瑞典

压路机用于碾碎土块、掩埋石块，并使土壤表面平整。

刀状钢盘

液压管

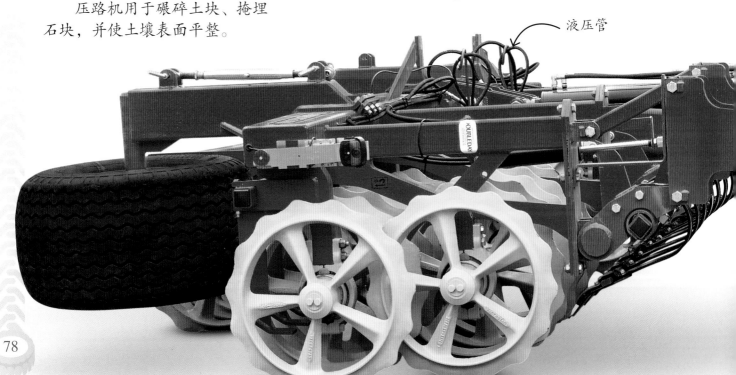

宽大的工具可以折叠起来，
以确保在路上安全行驶

◀ 齿种植

| 韦德斯达 Swift 560 | 瑞典 |

这台中耕机使用不同大小的耙齿和刀片，可以将密实的土壤撕开。

耙齿
（尖头叉子）

旋转的刀片可以
切入土壤

液压闸板升
降折叠装置

◀ 圆盘耙

| 辛巴（Simba）X-press | 英国 |

这种巨大的圆盘耙不仅能松动土壤，还可以砍掉多余的杂草和其他作物。

当工具不工作时
使用的支架

◀ 双重角色

| 韦德斯达 rexius twin 450 | 瑞典 |

这台中耕机使用尖尖的耙齿刨开土地，并使用钢辊碾碎剩余的土块。

重型耙齿

播种

　　农民用种子种植农作物，用于制造食物、药品、衣物甚至燃料。绝大部分种子都需要种在土壤中，而播种机播种的速度比人工要快得多。手动播种机是数千年前在美索不达米亚地区（也就是今天的伊拉克）被发明出来的，后来发展成了复杂的农业设备。

使用现代播种机，农民能够快速、有效地在大片土地上播种。

　　直到1701年，英国发明家杰斯洛·图尔完善了一种马拉式播种机，播种机才在世界范围内流行起来。图尔的发明促进了现代农业的发展，以及许多复杂工具的出现——比如这台播种机。

怎样播种?

　　当钻头沿着地面移动时，犁刀在土壤中切出槽。种子从料斗中穿过管道，进入这些槽中。然后，钻机后部的耙齿将土壤耙回播种的地面上。一些钻机可以同时播撒肥料。

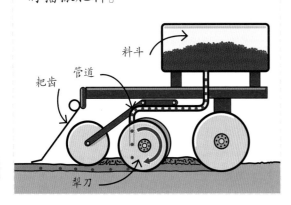

料斗

耙齿

管道

犁刀

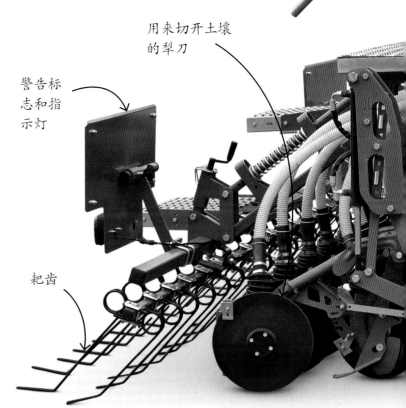

扶手

用来切开土壤的犁刀

警告标志和指示灯

耙齿

铺设行标记以引导农民创
建均匀间隔的行

种子存放在料
斗中

折叠支架

MASCHIO

向下传送种子
的管道

顶部拉杆

MASCHIO

液压臂升降装置

喷洒和散播

健康的土地意味着健康的作物。植物必须有营养物质才能正常生长，并且必须有一定的保护措施，如防止虫害、疾病和杂草。有些专门的工具被设计用来帮助农民"喂养"和保护他们正在生长的作物。

圆柱体内装有连杆

肥料漏斗

肥料从这里喷出来

▲ 施肥

阿玛松（Amazone）专业施肥机 | 德国

化肥被制成氮、磷和钾的微小颗粒形式，并由撒布机均匀地撒在土地上。

悬臂部分使用时可以伸缩

液压管道

巨大的软管把浆液吸进罐里

▲ 浆液喷雾器

乔斯金（Joskin）Modulo2 | 比利时

浆液（动物粪便）被泵入这个罐中，然后从机器后部喷到田间。

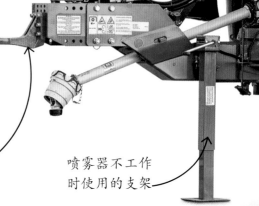

挂接拖拉机的装置

喷雾器不工作时使用的支架

肥料从这里撒出

　　粪肥很臭，但它是最天然的肥料。这种轮式撒播机使用带有连杆的转子将肥料从侧面投掷到田间。

▶ 肥料撒布机

| 蒂格尔泰坦 10 | 英国 |

　　这款由英国制造商蒂格尔（Teagle）制造的后排式撒布机，可以把肥料从后面抛出去。

粪肥可以用挖掘机或装载机装载

动力输出轴为撒布机提供动力

悬臂后支座

◀ 化学喷雾器

| 约翰迪尔 M740i | 美国 |

　　这台机器可以向生长中的作物喷洒各种化学药剂，来保护它们免受杂草、虫害和病害的威胁。

83

喷洒作物

如果一种正在生长的作物遭受虫害、杂草或病害破坏，种植者将会损失惨重。为了防止这种情况的发生，种植者有时会使用拖拉机喷洒杀虫剂、除草剂等农药来保护作物。

农民需要清除生长在作物之间的杂草，因为这些杂草会伤害农民辛苦种植的作物，这时就要喷洒除草剂了。

可折叠的喷洒悬臂

装有除草剂的巨大储藏罐

悬臂的中央支座

悬臂枢轴点

喷雾器两侧伸出的臂被称为"悬臂"。液体沿着悬臂流下，喷洒在作物上。长长的悬臂可以喷洒至很宽的区域。

3.8米

9.1米

约翰迪尔 5430i

原产地：美国

首次生产时间：2008年

质量：11500千克

功率：215马力

有保护的驾驶室

悬臂可以延伸出36米长

臂架部分折叠

通往驾驶室的台阶

一些小型喷雾器可以安装在拖拉机上。而这种自行式高间隙喷雾器作为专业机器则可以快速、高效、安全地喷洒肥料，为农民节省大量时间。

五颜六色的作物

不是所有的农作物都会制成食物。为制造香水和化妆品所种植的大片薰衣草需要由专门设计的机器进行收割。收割机会将植株切割成圆顶状，然后将花朵向上抛入拖车。这台老式约翰迪尔拖拉机的宽度和高度正好适合这一排排的薰衣草植株。

草地农业

草是牛、羊和马等牲畜的主要食物。因为草在夏天生长得很快，所以农民们夏天割草，并储存起来以备冬天使用。青贮饲料是在潮湿时储存的草，干草是经过干燥和打捆的草。

前置割草机

▲ 割草

麦赛福格森 146F	美国

一旦草长高了，就可以被割下来做青贮饲料或干草了。这台前置割草机可以齐着地面割草。

耙子被折叠起来，方便在路上行驶

警告标志

▲ 旋转和梳理

麦赛福格森 RK 3875	美国

这台机器在作业时会展开，把割下的草举起来，整理成行，等待打捆机将其拾起。

你知道吗?
在机器出现之前，农民们用干草叉手工制作干草堆。

橡胶裙板可以防止石头或木棍在割草机工作时飞出

前平台可以拆卸并更换不同的收割台，以适应多种作物

▶ 割草

麦赛福格森 饲料鼓风机	美国

这台机器将割下的草提起，扔进拖车，准备作为青贮饲料，供家畜冬季食用。

作物被吹到管道中并落入拖车

拖车

排气管远离驾驶室

◀ 切割和收集

约翰迪尔 W260 旋转式割晒机	美国

这种机器被称为"割草机"。它把草割下来，并排成行，准备打捆。

驾驶室后部的发动机和冷却系统

打捆机内的打结器用绳子将捆扎紧

向下折叠以释放捆包

▶ 方形打捆机

麦赛福格森 1839	美国

这台拖拉机驱动的打捆机从田间拾起干草，然后将其打包并捆扎成易于堆叠的方形捆。

干草扎捆

　　干草本来是被松散堆放的，但现在有机器可以将干草打包成定型的捆。这些紧密包装的捆占用的空间比松散的干草少得多，可以用拖拉机和装载机堆成大堆。

　　这款圆形打捆机可以用绳子或网将固定好的干草捆牢固地扎在一起。有时还会用塑料膜包裹，这样就可以存放在室外了。

扎好的草捆从后挡板处掉落

打捆

　　捡拾器和螺旋输送器将干草送入打捆室。宽皮带或滚轮缠绕干草，将其紧紧压缩成圆柱体。

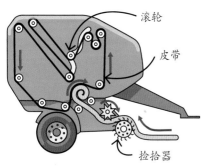

滚轮
皮带
捡拾器

第一步，捡拾器将干草放入打捆机。

随着滚轮和皮带的移动，草捆不断变大

干草

第二步，在打捆室内，干草被旋转成一个沉重的圆捆。

JOHN DEERE

抛捆器

一旦草捆达到最大尺寸，它就会被紧紧捆绑，然后从打捆机的后挡板处掉落。

在斜坡上打捆时必须小心，以免圆捆滚下山！

打捆室

在冬季牧草短缺时，干草可以用来喂牛、羊和马等牲畜。

960

动力输出轴

收卷支架手柄

将打捆机挂接在拖拉机后面

捡拾器

联合收割机

农民种植小麦，用于制作大家都喜欢吃的面包、馒头和面条等食物。在过去，收割谷物需要很长时间和许多农场工人。今天，强大的联合收割机可以同时完成几台机器的工作，并能快速高效地收割大片的粮田。

谷物被清理干净后就会被装进储存罐中，然后通过管道直接卸入附近的谷物拖车。

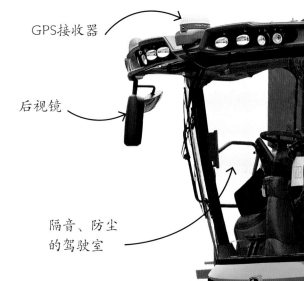

GPS接收器

后视镜

作物在地面上被切割，然后由螺旋输送器拖进机器。在那里，可食用的谷物将与秸秆分离。

卷轴将作物拉向切割器

隔音、防尘的驾驶室

切割器

整个收割台可以拆下来，在公路运输时放在拖车上纵向拖曳

螺旋输送器

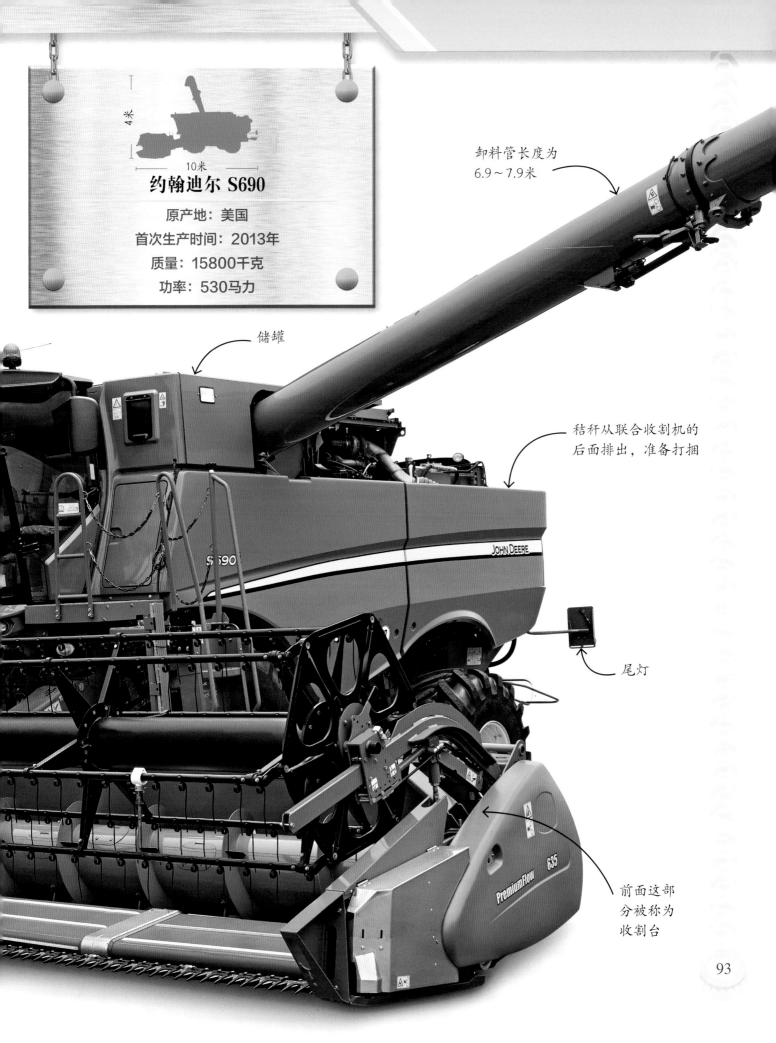

4米

10米

约翰迪尔 S690

原产地：美国

首次生产时间：2013年

质量：15800千克

功率：530马力

卸料管长度为
6.9~7.9米

储罐

秸秆从联合收割机的
后面排出，准备打捆

尾灯

前面这部
分被称为
收割台

JOHN DEERE

S690

PremiumFlow 635

收获粮食

　　谷物农场里最强大的机器就是联合收割机。超宽的切割台和巨大的发动机帮助这头钢铁巨兽每天收割数百吨粮食。这些令人惊叹的机械使农民能够以比过去更大的规模生产粮食。

南瓜采摘器

并非所有拖拉机都是批量生产的，有些是为满足某些农民的需求而定制的，例如这款南瓜收割机。技术熟练的农业工程师可以利用一般拖拉机的发动机、变速箱和车轴，并添加其他不同的配件来制造自己的专业拖拉机。

灯光让收割工作可以持续到深夜

巨大的弧形挡风玻璃给驾驶员提供了绝佳的视野

你知道吗?
这台收割机在短短三周内就能处理多达300万个南瓜，真是令人印象深刻。

这台拖拉机可以充当移动包装设备和清洗装置。它有履带式齿轮，可以缓慢地前进，在采摘成熟南瓜时配合采摘者的步伐。

板条式升降机将南瓜运送到储藏罐

侧边加高，防止南瓜从升降机上滚下来

南瓜被采摘下来，轻轻地放在传送带上

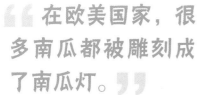

3.6米

12米

定制的南瓜收割机

原产地：英国

首次生产时间：2006年

质量：24000千克

功率：200马力

清洗罐

水箱可以储存清洗南瓜的水

工人们站在后面，从传送带上收集清洗过的南瓜

宽轮胎可以防止拖拉机在松软的土壤中下沉

南瓜被放置在板条箱里，准备由另一辆拖拉机抬到运输卡车上

97

甜菜收割机

白色的甜菜根可以用来制作许多人都喜欢吃的糖。每年都有数百万吨的甜菜根被专门为完成这项任务而设计的强大机器收割。

你知道吗?
驾驶室里的一个视频监控器让驾驶员可以看到机器的每一部分都发生了什么。

甜菜收割机穿过田地,给甜菜打顶,并进行提升、筛分和清洁工作——就像一座便携式的移动工厂。一台甜菜收割机的"地堡"中能够储存20吨甜菜,然后就必须清空了。

橙色警告灯

灯光有助于司机夜间工作

大的、弯曲的挡风玻璃让驾驶员可以清晰地看到机器的前部

切掉叶子用的落叶装置

导向传感器

橡胶防护

轮式铲将甜菜根从土壤中拔起来

格立莫（Grimme）Rexor 620

原产地：德国

首次生产时间：2012年

质量：25900千克

功率：490马力

它是如何工作的

锋利的刀片将甜菜的叶子切掉，轮式铲将甜菜根拔出来，铲进收割机。甜菜根在环形升降机、螺旋分菜器等一系列装置中滚动和弹跳，直到外层的土壤脱落。然后，清洁后的甜菜根就可以卸到附近的拖车中了。

储藏罐

升降机

驾驶室

涡轮机

轮式铲

用于卸载甜菜根的输送装置

螺旋钻把甜菜根撒在储藏罐里

板条升降机将甜菜根送入储藏罐

用来升降卸料器的液压油缸

卸载输送装置

清洁发电机

用于降低压强的宽车轮

这台收割机可以以40千米/时的速度在道路上行驶，尽管它是一台巨大的机器，但驾驶室后部的铰接接头让它很容易转换方向。

99

果园和葡萄园

多年来，拖拉机制造商一直在制造外型比较狭长的拖拉机，这种拖拉机可以在一排排树木和藤蔓之间前进。最近，越来越多的专业机械进入市场，其中一些几乎让人认不出是拖拉机了。

在树下驾驶的超低驾驶室

▲ 超级瘦！

芬特 211V	德国，2009年

芬特公司生产各种宽度的拖拉机。这种型号的拖拉机外形非常窄，可以用在葡萄园中。

料斗(储罐)

驾驶室

▲ 橄榄采摘器

纽荷兰 BRAUD 9090X	美国，2011年

这台拖拉机工作时会开到橄榄树丛中，摇晃植株，直到橄榄落下来，然后将其收集在料斗中。

▶ 斜坡专家

麦赛福格森 3350C	美国，2001年

陡峭的山坡是危险的，但是履带式拖拉机比轮式拖拉机更稳定，因此非常适合在丘陵农田上作业。

防止拖拉机翻车的安全框架

狭窄的车身

你知道吗?
果园拖拉机一般都将排气管置于下方,目的是远离树枝。

大大的侧视镜让驾驶员能看到周围的一切

发动机在驾驶室对面

保护挡风玻璃免受树枝伤害的框架

▲ **葡萄采摘机**

| 纽荷兰 BRAUD 9060L | 美国,2013年 |

这台外形奇特的专业机器堪称葡萄园之王。它横跨一排排的葡萄藤,采集葡萄用于酿酒。

◀ **低调**

| 纽荷兰 T4 COOL CAB | 美国,2014年 |

这台小型农用拖拉机是设计用于在低树枝下通过的。在收获坚果和苹果时尤其有用。

专业拖拉机

　　这些四轮垄行作物拖拉机的设计目的是在成排的植物之间穿行，并且可以轻松地越过作物的顶部，不会压扁它们。凸起的高间隙车架和超细车轮是这些"农田之王"的必备套件。

液压驱动刀头

六缸发动机

◀ 绿色机器

奥利弗 1650 ｜ 美国，1964年

　　这台拖拉机的驾驶员可以很轻松地看到全部四个车轮，并且可以小心地避免撞到或碾压田间的农作物。

▶ 高大的男孩

大卫·布朗 850

英国，1960年

　　早期的高间隙拖拉机没有侧翻保护，可能会非常不稳定。现代的拖拉机都配有防侧翻杆或安全驾驶室。

可调式座椅靠背

农作物喷雾器

高主轴上的标准尺寸前轮

后置发动机

玻璃驾驶室可以保护
驾驶员免受灰尘、喷
雾和花粉的伤害

长梭

▲ 泥巴硬汉

纽荷兰 T6050 | 美国，2007年

有时被称为"泥浆拖拉机"，它们有着巨大而狭窄的轮子，可以高高地行驶，非常适合精细的排种作业。

到驾驶室
的梯子

大而狭窄
的轮子

▲ 跨过玉米

海吉（Hagie）204 SP 玉米须清除器 | 美国，2013年

这种看起来很奇怪的机器被设计用来越过高大的玉米作物，从植株的顶部去掉"穗子"（花）。狭窄的车轮与行间的间隙相吻合。

你知道吗?
从棉花到花椰菜，许多不同的作物都是成排种植的。

有空调的
驾驶室

后挡泥板

▶ 高底盘

约翰迪尔 6150RH | 美国，2013年

1837年，铁匠兼发明家约翰·迪尔开始制造工具犁。现在，约翰迪尔公司生产的拖拉机和农具种类繁多，包括各种专业机器，如这种高间隙行作物拖拉机。

动力提升

装载机是一种坚固的升降臂，可以安装在拖拉机上，增加其在农场中的用途。这些臂可以配备不同的附件，如托盘或耙。也可以使用抓斗和尖钉，使拖拉机能够提起和堆叠成捆的干草或青贮饲料。

360度全景视野的大窗户和玻璃门

挡泥板

麦赛福格森独特的灰色轮辋

带铲斗的装载机可用于提升和装载谷物、肥料和动物饲料，这为农民节省了大量的时间，减轻了劳动量。

前轮胎为四轮驱动提供额外的抓地力

操纵臂

驾驶员可以在驾驶室内通过操纵杆控制现代装载机。前后移动操纵杆可以提高或降低装载机臂，而左右移动操纵杆则可以使装载机铲斗倾斜或旋转。

3.2 米

5 米

麦赛弗格森MF941装载机

原产地：美国

首次生产时间：2013年

提升质量：1730千克

提升高度：3.75米

整个装载机可以拆卸，让拖拉机做日常的农活

装载机铲斗

前装载机高高抬起，能够到达干草堆顶部，或将物料倾倒入侧边较高的拖车。

液压缸辅助提升铲斗

装载机和搬运工

拖拉机简单地犁地和牵引拖车的日子已经一去不复返了。现代的拖拉机能够抓取、提升和搬运各种材料。这些机械具有惊人的力量，使农民的工作更安全、更轻松。

装载机可以配备不同类型的铲斗和叉子

◀ 带抓斗的铲斗

麦赛福格森 8925 XTRA	美国，1998年

这种伸缩式装卸机有一个伸缩臂架，可以达到5米的高度，举起2500千克的重物。

这台拖拉机可以举起粪肥并将其装载到拖车上

▶ 堆肥叉

麦赛福格森	英国

农民过去常常用干草叉手工"清理"他们的牛棚，而这台拖拉机则可以用更少的力气清理更大的物体。

液压油缸可以开启和关闭抓取器的阀门

叉抓住贮存物

◀ 捆抓取器

纽荷兰 740 TL	美国，2013年

这台拖拉机的吊车可以小心地举起和堆叠捆包，而不会损坏干草包周围的塑料包装。

▼ 越野叉车

卡特彼勒 TH406 | 美国，2010年

这款功能强大的伸缩臂叉装机在农业和建筑业中都很有用，它的前端有一个悬臂，可以向前延伸并将重物向上抬升。

用于抬升重物的托盘叉

液压动力

拖拉机的发动机为泵提供动力，泵将液压油通过管道向下注入气缸。当被压流体进入时，它会迫使活塞出来，活塞的运动又使装载机臂抬起。

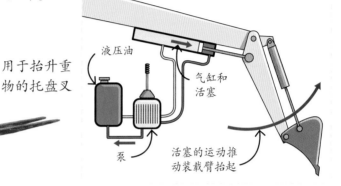

液压油

气缸和活塞

泵

活塞的运动推动装载臂抬起

▶ 青贮饲料抓取器

纽荷兰 740 TL | 美国，2013年

这台拖拉机上的装载机可以抓取、提升和装载肥料或青贮饲料，从而节省农民大量的辛勤劳动。

NEW HOLLAND

740TL

牵引拖车

拖车对于转移农产品、原材料、牲畜、机械和动物饲料等货物至关重要。大多数农场都拥有几种不同类型的拖车，每种拖车都是为特定任务而设计的。

干草架板

▲ 干草车

捆装干草拖车	英国

这辆重型干草拖车的前轴可以旋转，这使它能够轻松地跟随拖拉机转弯。

▼ 青贮饲料运输车

理查德·西萨福克（Richard Western Suffolk）拖车

英国

这辆青贮饲料拖车在收获时会非常忙碌，它要将新收割的青贮饲料从田间运到农场。

双轴　　大容量自卸车体

后面挂有
五辆拖车

前端装载机

◀ 搬运水果

水果拖车	德国

　　采摘下来的水果会被小心地装在一些独立的箱子里，因为如果被压坏，它们就会变得不值钱了。

坡道可以向下翻开，使机器能够上下拖车

▼ 运输设备

麦可（Mac）串联低架装载车	英国

　　农民经常需要搬运重型机械和工具，而这种低架机械拖车就非常适合这项任务。

用于固定机械的棘轮带

侧边栏防止其他车辆卡在拖车下方

散热器格栅

液压油缸的开启和关闭挡板

可倾卸的车身

液压油管道

▲ 自卸拖车

拉灵顿Rootking	英国

　　这种双轴拖车非常适合拖运较重的根系作物，比如土豆和甜菜。液压油缸可以提降自卸车体。

前配重架

109

03

田野之外

在花园里

这些小小的拖拉机是园丁最好的朋友。它们可以用来运输工具和材料。这种骑乘式割草机可以让园丁在修剪大面积草坪时不费吹灰之力。

驾驶室没有门

▲ 全能型选手

约翰迪尔 Gator│美国，1992年

这辆小型多功能车可以乘坐两个人，加上后面的设备和材料，适合花园或庄园周围的工作。

▶ 大家伙

约翰迪尔 1565│美国，2002年

这款专业的骑乘式割草机具有前置式割草机平台、可提供极佳视野的驾驶室和专为草坪准备的宽轮胎。

发动机罩

割草机平台

侧翻保护系统（ROPS）

▶ 速度4×4

麦赛福格森 1540

美国，2005年

这种紧凑型三缸柴油拖拉机按照今天的标准看是很小的，但它的尺寸和20世纪40—50年代的大多数英式拖拉机相同。

脚踏板

▼逍遥骑士

约翰迪尔 Z445 │ 美国，2009年

让你能坐在舒适的座椅上修剪草坪——这款操作简单的骑乘式割草机配备了27马力的发动机。

驾驶员座椅

割草机平台

布罗迪旋钮
(用于单手操舵)

◀ 客货两用拖拉机

麦赛福格森 21-25 GC │ 美国，2010年

这台看起来小小的拖拉机其实是一台拥有25马力发动机的骑乘式割草机。

遮阳罩

用于移动装载机臂的液压杆

▶ 紧凑而有力

纽荷兰 Boomer 30 │ 美国，2011年

紧凑型拖拉机适用于大花园、小型农场和马厩，它们可以配备按比例缩小的特制工具。

前置铲斗用于移动和提升物料

城镇中的拖拉机

繁忙的拖拉机每天都在不知疲倦地维护着城镇的道路、公园和绿地。割草机、连枷机、扫地机和装载机都是现代拖拉机在城镇中会用到的重要工具。

动力输出轴为割草机提供动力

▲ 路边割草机

麦赛福格森 3065	美国，1992年

这台拖拉机配有前置式割草机，非常适合大型路边草坪和粗糙的草地。

可以根据不同的工作安装相应的机身

▶ 在轨道上

乌尼莫克 U400	德国，2000年

乌尼莫克（Unimog）是一种多用途机器，可以拖动重物并为各种工具提供动力。许多国家都在使用它们。

▲ 城市专家

豪德 C270	德国，2010年

这台豪德（Holder）多功能机器在这里显示为道路清扫机，但它也可以用作洒水车、扫雪机或割草机。

旋转刷头

车轮可以根据工作类型的不同而更换

▶ 切割和修剪

麦赛福格森 6455 | 美国，2005年

这种重型连枷割草机可以水平使用来切割草坪边缘，也可以倾斜使用来修剪河岸和树篱。

折叠臂

警示灯

连枷割草机头

ZWIEHOFF

装载机和机械臂是可拆卸的

▲ 多才多艺

约翰迪尔 3045R | 美国，2014年

在公园里工作的拖拉机不需要像农用拖拉机那样强大。这种紧凑型拖拉机配备着一台便携式装载机，用于起吊堆肥、砾石或垃圾。

附加的钢轮可以降下来，以便在铁轨上运行

115

推或拉

飞机拖曳机，又称后推式拖拉机，是用来在机场停机坪上移动飞机的机械。这种小巧的拖拉机承载着飞机的前轮，小心地推动或拉动飞机进入预定位置。

军用拖拉机

有很多非常先进且令人兴奋的机器都是归军方所有的。拖拉机、履带车和全地形运输车对武装部队来说非常重要。这些机器能够帮助士兵和他们的装备安全穿越艰难的地形和危险的领土。

链条在地上狠狠地敲打着

用于越过障碍物的车身

▲ 重型运输车

BAZ-64022	俄罗斯，2007年

俄罗斯制造的这些全地形运输拖拉机能够在崎岖的地面上牵引重型火炮和导弹等重物。

▲ 清除地雷

阿德瓦克（Aardvark）	英国，2008年

这些神奇的机器可以搜寻并排除致命的地雷，比如清除战区的地雷，让人们能够再次安全地居住。

爆炸的地雷

强大的旋转链条——又称连枷——粗暴地敲打地面，故意引爆埋在地下的地雷。地雷爆炸时驾驶员和车辆不会受到任何伤害，因为机器表面安装了厚厚的装甲。

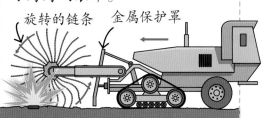

旋转的链条　　金属保护罩

防止雨水进入管道的排气管帽

▲ 经验丰富的拖拉机

舵轮

豪特75	美国，1913年

在第一次世界大战期间，数千辆豪特（Holt）拖拉机被用于运送重型火炮。它们也被设计用于耕种和修路。

这辆拖拉机拖着一辆装满导弹的拖车

重型轮胎，用于
在多石或泥泞的
地面上行驶

可拆卸的帆
布驾驶室

前置绞盘

可拆卸前铲斗

◀ 快速履带

克莱特拉克 M2 高速拖拉机

美国，1942年

这辆飞机拖船是美军用来拖运飞机的。它配备了绞盘，速度可达35千米/时。

▼ 战争挖掘机

JCB 高机动性工程挖掘机

英国，2008年

与大多数挖掘机不同，这款反铲挖掘机可以高速行驶并牵引重物。它也配备了装甲，以保证驾驶员的安全。

后置挖斗

军用装备

BAE 猎犬是一种防弹“野兽”，可以作为挖掘机、前装载机和坦克。重型装甲外壳可以保护里面的两名机组人员免受爆炸伤害，前部和侧部铲斗可以清除其路径上的任何障碍物。

你知道吗?

BAE 猎犬可以配备机关枪和榴弹发射器。

升降臂
驾驶员
这台“猎犬”带有一条用来临时铺路的“轨道”
传动链轮

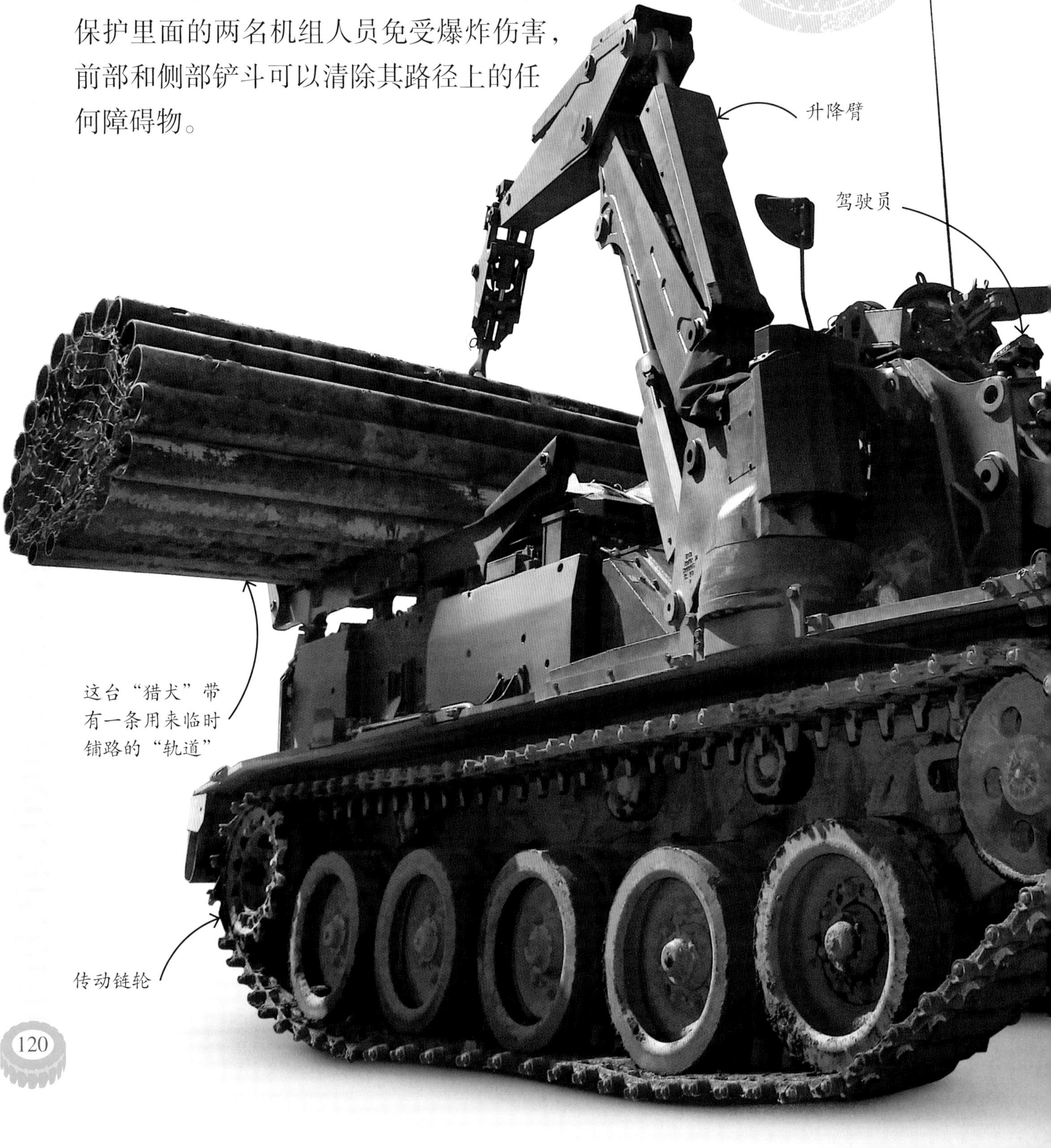

这款机器可以通过远程控制驱动，这在清除致命雷区时至关重要。它可以以几乎80千米/时的速度行驶，可以牵引或搬运重型设备，并可以安装各种不同的工具，如叉车和碎石锤。

遥控天线

可拆卸前斗

淬火钢齿

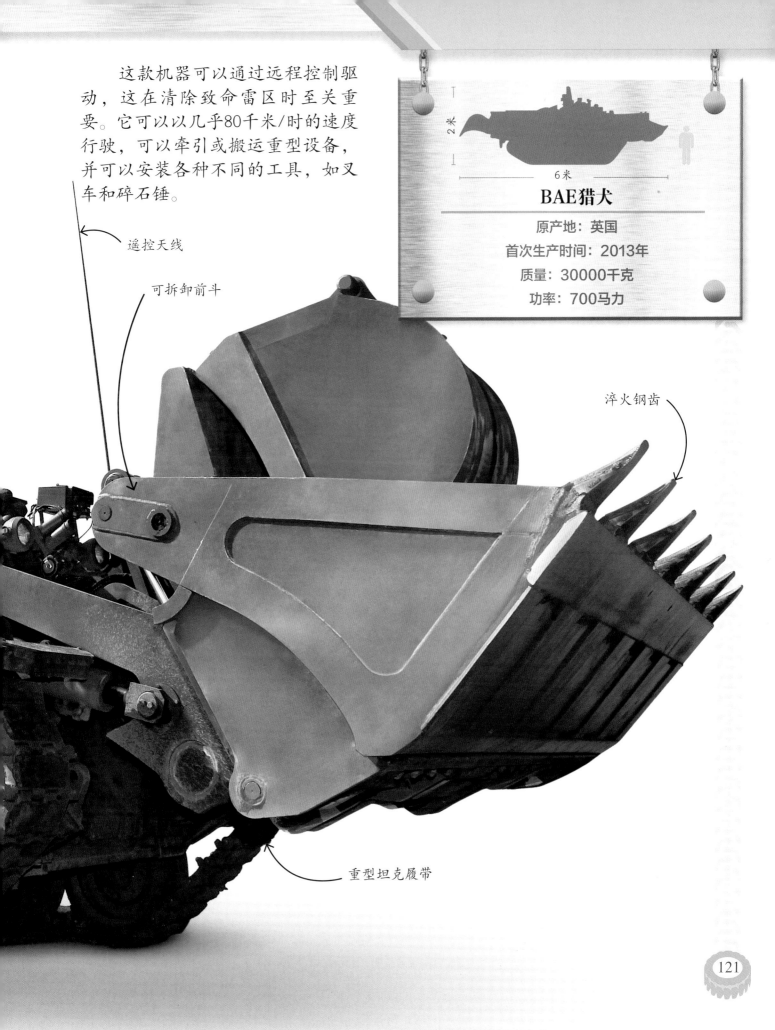

重型坦克履带

> 塔卢斯MB-H可以在2.5米深的水中自如地工作。

塔卢斯专业拖拉机

即使在恶劣的条件下，像塔卢斯（Talus）MB–H这样的专业拖拉机也能将英国救生艇拖进拖出大海。这台重量级的210马力拖拉机是在英国威尔士制造的。它可以直接开进海里，因为驾驶室和发动机舱是完全封闭且防水的。

冬季奇观

拖拉机可以用来清除路面上的积雪，维护结冰的道路和滑雪场，在汽车和卡车无法工作的极寒气候中作为运输工具。

电加热挡风玻璃

长长的排气管将废气从挡风玻璃上引开

轨道可以上下倾斜以爬过崎岖的地形

▲ 真正的原创

塔克（Tucker）SNO-CAT

美国，1948年

这些随处可用的机器有四个独立的弹簧轨道和宽敞的驾驶室，可以搭载乘客和设备。甚至可以在它们前端安装叶片来清除积雪。

液压管道

折叠式推雪铲

你知道吗？

拖拉机中的液体——润滑油、水和燃料——需要特殊的添加剂来防止结冻。

▶ 滑雪美容师

凯斯堡尔（PistenBully）PB260D

德国，2007年

超宽的履带和高度可操纵的雪刀使这台专业机器非常适合平滑、修整和维护滑雪坡和雪道。

液压油缸可以提升雪铲，并改变其角度

▶ 飞雪

卡尔巴彻（KahlBacher）KFS 950/2600

奥地利，1995年

由拖拉机的动力输出轴驱动，这款轻便的吹雪机通过吸起雪堆并将其吹扫干净来保持道路畅通。

旋转喷口可将雪带走

用于铲雪的螺旋装置

▼ 推粉机

带雪犁的维美德 T152

芬兰，2011年

大多数拖拉机都可以安装前刀片、雪犁或"V"型犁，但需要像维美德这样强大的机器来处理这些大型机具。

超宽的履带可以分散重量

弯曲的雪刃有助于将雪推到道路两侧

极地之旅

南极洲是地球上环境最恶劣的地方。在严酷的冬天，这里有巨大的冰原、陡峭的裂缝、低至零下70℃的气温，以及几乎是永恒的黑暗。这些超强韧的卡特彼勒D6N拖拉机经过改装，足以满足"最冷之旅"的要求。这是一次在冬天穿越南极的令人惊叹的拖拉机探险。

两台卡特彼勒D6N在这次极地探险中合作。这些强大的机器载着探险队的住所、补给和设备穿过冰冷的荒原。

> **裂缝臂上的雷达可以准确地告诉驾驶员冰层的厚度。**

裂缝臂有助于防止车辆落入深洞，还能使其脱离困境

用于清除雪和障碍物的巨大刀片

SOLD & SERVICED BY FINNING

履带要能够跨过冰面上的裂缝。如果第一台机器的履带被卡住了，第二台机器就必须要把它拖出来。

宽阔的履带可以防止车辆下沉

这些履带有巨大的锯齿状防滑板，可以穿透冰面，提供抓地力。在攀登冰川时，可以增加尖刺以提供更强的抓地力。

改装后的拖拉机有一个复杂的中央加热系统——这可以为驾驶员保暖，同时还可以防止机器的工作部件被冻住。

树丛中的拖拉机

林业拖拉机是超级坚固的机器。它们在崎岖不平的地面上作业，越过倒下的树枝和树桩。这些拖拉机需要巨大的动力才能安全地提升和拖运重型木材。

驾驶员不能在电源线附近使用此装载机

▼ 强大的运输车

庞赛（Ponsse）大象 | 芬兰，2011年

这台运输车可以运送18吨木材，以19.3千米/时的速度行驶，并可以在崎岖的地形和雪地上工作。

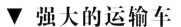

钢护罩保护发动机免受磕碰

原木铺位将木材固定到位

防护架保护拖拉机和驾驶员免受掉落木材的伤害

◀ 林中小屋

斯泰尔 4130 | 奥地利，2013年

现代斯泰尔（Steyr）拖拉机省油、经济，排放的有害气体也更少。这种型号还配有一个防护架，适于林业工作。

专业木材拖车

前刀片清除障碍物，"开"出一条路

强大的抓钩

▲ 抓钩集材机

约翰迪尔 648H | 美国，2008年

这台强大的集材机具有高间隙的框架和巨大的液压抓钩，可以同时举起和搬运几棵树。

▶ 满载

维美德 T162 | 芬兰，2011年

维美德 T162 是一款重型拖拉机，配备"反向驱动"系统，允许操作人员面向任一方向驾驶。

带伸缩悬臂的液压装载机

◀ 木材拖车

维美德 N123 | 芬兰，2014年

这种多用途拖拉机非常适合林业工作，后防滑链意味着它可以应对各种天气条件。

适用于崎岖地形的重型轮胎

砍伐木材

这台伐木拖拉机就像一只凶猛的森林野兽，能够抓住整棵树并在底部将它们砍掉。它的威力足以一次性抓住并砍倒不只一棵树。强大的发动机和巨大的车轮能帮助它轻松地越过树桩、穿过灌木丛。

在这些巨颌之间隐藏着一把有力的锯，它可以轻松地锯断坚硬的树干，然后将木材运到附近的堆垛或拖车上。

头部受磨损时可以被拆卸和更换

顶部的固定臂可以保持树木稳定

强大的液压臂可以抓取和搬运木材

强大的锯能切开树根

闭合的液压臂

发动机由坚固的钢制防护罩保护

约翰迪尔伐木机拥有重型车轴，可帮助其在崎岖不平的地面上工作。可移动的头部将树木捆绑在一起，然后把它们砍倒，这就是它被称为"伐木机"的原因。

130

这台伐木机可以完成几个人用锯砍树的工作量，操作人员被安置在安全系数较高的驾驶室里，砍伐树木时更加安全。

3.3米

7.4米

约翰迪尔伐木机

原产地：美国

首次生产时间：2013年

质量：12696千克

功率：243马力

有空调的驾驶室还配有计算机显示器、操纵杆和收音机

你知道吗?
从大型的拖拉机到小型的割草机，约翰迪尔很容易因为它标志性的绿色和黄色配色而被认出来。

KEEP BACK 300 FT / 90 M

JOHN DEERE

843K

超宽轮胎有助于在潮湿或不平坦的地面上支撑这台重型机器

专业搬家公司

拖拉机在多任务处理方面表现出色，它们可以牵引和驱动所有类型的工具。但有些机器则是为了把某一项工作做到最好而被创造出来的——比如这台自行式平路机，它可以平整大片土地。

工作指示灯

超重框架有助于将刀片向下压在地面上

672GP

具有工业胎面花纹的重型轮胎

这台机器使用其巨大的下悬式刀片，在粗糙不平的地面上创造出光滑的表面。平地机通常用来维护道路和施工现场，还可以铲平其他机器工作过的区域。

用于提升、降低和倾斜平地机铲刀的液压油缸

驾驶室门

3.4米

8.9米

约翰迪尔672GP

原产地：美国

首次生产时间：2013年

质量：19960千克

功率：240马力

隔音驾驶室

发动机舱

可调式平地机刀片，用于平整地面

用于破碎压实表面的爪状开膛齿

重型推土机

这些重型车辆被设计用于建筑行业，每一款都有特定的工作要做。无论是平整地面、转移材料还是铺设管道，每项工作都有专门的机器。

▶ 压路机

哈姆 HD	德国，2009年

这款哈姆（Hamm）铰接式串联压路机专为平滑地面而设计，重约12.7吨，是真正的重量级机械。

重型光滑钢辊

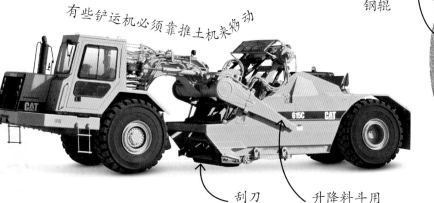

有些铲运机必须靠推土机来拖动

刮刀

升降料斗用的液压臂

▲ 自动铲运机

卡特彼勒 615C	美国，2001年

刮板切入地面，传送带将上层土壤送入料斗。当料斗装满时，可以在方便的地方清空。

升降吊臂用的钢丝绳

你知道吗？
世界上最重的拖拉机是用于采矿业的。

吊运用绞盘设备

◀ 侧臂履带

卡特彼勒 583T	美国，2006年

这台巨大的履带式起重机，一部分是拖拉机，另一部分是起重机。它的一侧有一个高高的吊臂，非常适合在深沟中铺设管道。

侧翻保护系统（ROPS）

用来压碎和压实表面的销钉

HAMM

HD⁺140 HIGH FREQUENCY

▲ "羊足"压路机

萨凯（Sakai）SV400 | 日本，2008年

这种铰接式压路机具有橡胶后轮胎，以及带有大销钉的"羊足"压路机。

安全框架可防止驾驶员受伤

铰接接头使机器可以在中间弯曲

▶ 推土机

约翰迪尔 650K XLT | 美国，2012年

这款履带式推土机非常适合修路。它可以使用它的大铲刀移动巨大的土堆和砾石。

振动压路机有助于夯实土壤

推土机铲刀

大而抢眼

　　在现代的建筑工地上可以看到各种各样的机器在忙碌地工作。自卸车、推土机、履带式挖掘机……黄色是这些辛勤工作的重型机械的首选颜色，因为在这些有潜在危险的工作场所，黄色非常显眼。

重型设备

辛勤工作的建筑车辆已经从基础款的拖拉机发展成专门的机器，设计用于在当今繁忙的建筑工地上执行特定任务。土方运输车必须坚固耐用，因为它们的任务是挖掘、搬运大量土壤、柏油和砾石。

这款可转弯的重型车量甚至可以转过锐角角度

▲ 自卸卡车

| 特雷克斯（Terex）2566B | 美国，1992年 |

重型铰接式自卸卡车能比大多数拖拉机和拖车承载更多的重量，在筑路、建筑和采石行业非常受欢迎。

带齿大铲斗

◀ 前端装载机

| 凯斯 621B | 美国，1993年 |

这个巨大的铲斗是运送大量松散材料的好手。

排气管

▶ 反铲装载机

| JCB 3CX | 英国，2009年 |

拥有前装载机、后臂和各种可用铲斗，是一种受欢迎的工程车辆。

侧翻保护系统
（ROPS）

◀ 迷你翻斗车

本福特（Benford）4000 | 英国，1994年

几十年来，小型自卸车在建筑工地上一直很受欢迎——它们比大型自卸车灵活得多。

▶ 滑移装载机

纽荷兰 L225 | 美国，2013年

滑移转向装载机是一种低矮、紧凑的机器，其尺寸非常固定，适合在狭窄空间内提升和装载货物。

坚韧的工业轮胎

隔音驾驶室

挖掘机的手臂由强大的液压油缸控制

用于挖洞和挖沟的铲斗

致谢

Dorling Kindersley would like to thank Alexandra Beeden, Fran Baines, and Carron Brown for editorial assistance, Amy Child, Shrabani Dasgupta, Namita, and Roshni Kapur for design assistance, Caroline Hunt for proofreading, Jackie Brind for the index, and Steve Mitchell and Ted Everett for their help in supplying images. Illustrations by Maltings Partnership.

The publisher would like to thank the following for their kind permission to reproduce their photographs or for allowing us to photograph their equipment or machinery:

(Key: a-above; b-below/bottom; c-centre; f-far; l-left; r-right; t-top)

1 Dorling Kindersley: Andrew Websdale. 4-5 Dorling Kindersley: Paul Rackham. 6-7 AGCO Ltd. 8-9 Dorling Kindersley: Lister Wilder. 10-11 Alamy Images: Arterra Picture Library. 12-13 Dorling Kindersley: The Shuttleworth Collection. 14-15 Dorling Kindersley: Daniel Ward (t). 15 Dorling Kindersley: Daniel Ward (bl); Great Dorset Steam Fair (cra). David Parfitt: (cr). 16-17 Getty Images: SSPL. 18 Dorling Kindersley: Derek Mellor (bl). Stuart Gibbard: (tr). David Parfitt: (cl). 19 Dorling Kindersley: Paul Rackham (tc, cla, b). 20 Dorling Kindersley: Paul Rackham (tr, cl). 21 Dorling Kindersley: Paul Rackham (tl, cr, crb). 22 Science Photo Library: David R. Frazier (clb). 22-23 Dorling Kindersley: Paul Rackham. 24-25 Dorling Kindersley: Paul Rackham (t). 24 Dorling Kindersley: Courtesy of Roger and Fran Desborough (cl); Piet Verschelde (br). 25 Dorling Kindersley: Michel Geldof (tr); Peter Goddard (br). 26-27 New Holland Agriculture: (c). 28-29 AGCO Ltd.: (c). 30 Dorling Kindersley: Peter Goddard (c). New Holland Agriculture: (cra). 31 AGCO Ltd: (c). Dorling Kindersley: James Rivers (br); Paul Rackham (tl). John Deere: (tr). New Holland Agriculture: (clb). 32-33 Corbis: Bettmann. 34 Dorling Kindersley: Paul Rackham (b). 34-35 Dorling Kindersley: Daniel Ward (tc). 35 Dorling Kindersley: James Rivers (clb, br); The Tank Museum (cra). 36-37 Dorling Kindersley: Lister Wilder. 38 Brian Knight: (cl, bc). David Peters: (tr). 39 Dorling Kindersley: Chandlers Ltd (b); Doubleday Holbeach Depot (tr). 40-41 Dorling Kindersley: David Wakefield. 42 Dorling Kindersley: T Tyrell (cl). 42-43 John Deere: (cb). 43 Dorling Kindersley: Doubleday Swineshead Depot (tl, clb). John Deere: (cr). 44-45 Alamy Images: Simon Perkin. 44 Alamy Images: National Geographic Image Collection (bl). Jonathan Slack / Ladies Tractor Road Run: (br). 45 Alamy Images: Graham Corney (bl); Island Images (br). 46-47 Corbis: Reuters / Ina Fassbender. 50 Dorling Kindersley: Stuart Gibbard (tr, cla, cb, bl, br). 51 Corbis: Epa / Jean-Christophe Bott (br). Dorling Kindersley: Stuart Gibbard (tl, tr, cl, bl). 52-53 Dorling Kindersley: Paul Rackham. 54-55 Dorling Kindersley: Doubleday Holbeach Depot (tc). 54 Belarus Minsk Tractor Works: (c). Dorling Kindersley: Rabtrak (bl, crb). 55 Dorling Kindersley: Chandlers Ltd (tr); Rabtrak (b). 56-57 Corbis: Hulton-Deutsch Collection. 58 Dorling Kindersley: Doubleday Swineshead Depot (c, b). 58-59 Dorling Kindersley: Doubleday Swineshead Depot (c). 59 Dorling Kindersley: Doubleday Swineshead Depot (tr, cr). 60-61 Dorling Kindersley: Roger and Fran Desborough. 62-63 Dorling Kindersley: Richard Mason (b). 63 Alamy Images: Noel Bridgeman (tl). 64 Dorling Kindersley: Peter Tack (tr). David Parfitt: (bc). 65 Dorling Kindersley: Chandlers Ltd (c). David Peters: (br, tc). 66-67 New Holland Agriculture: (cl). 67 New Holland Agriculture: (cr). 68-69 FLPA: Bjorn Ullhagen. 70 Dorling Kindersley: Keystone Tractor Works (cr). 71 Dorling Kindersley: Andrew Farnham (br); Keystone Tractor Works (t, cl). 72 AGCO Ltd: (tc). CLAAS: (bc). 73 AGCO Ltd: (tc). CLAAS: (bc). 74-75 Dorling Kindersley: Lister Wilder (b). 76-77 AGCO Ltd: (c). 78 Dorling Kindersley: Doubleday Swineshead Depot (tr); Lister Wilder (c). 78-79 Dorling Kindersley: Doubleday Swineshead Depot (b). 79 AGCO Ltd: (cl). Dorling Kindersley: Doubleday Swineshead Depot (t). 80 Alamy Images: Wayne Hutchinson (cl). 81 Dorling Kindersley: Doubleday Swineshead Depot. 82 Dorling Kindersley: Lister Wilder (c, bl). 82-83 Dorling Kindersley: Miller Mining (t). 83 Dorling Kindersley: Lister Wilder (cra). John Deere: (b). 84-85 Dorling Kindersley: Doubleday Swineshead Depot (b). John Deere: (tc). 85 John Deere: (br). 86-87 Alamy Images: Landscapes. 88-89 AGCO Ltd: (tc). John Deere: (c). 88 AGCO Ltd: (cl). 89 AGCO Ltd: (tr). Dorling Kindersley: Lister Wilder (br). 90-91 Dorling Kindersley: Doubleday Swineshead Depot (b). 91 John Deere: (tc). 92-93 Dorling Kindersley: Doubleday Swineshead Depot (b). 92 John Deere: (tr). 94-95 CLAAS. 96-97 Dorling Kindersley: David Bowman. 98-99 Dorling Kindersley: Grimme UK (b). 98 Grimme: (cl). 100 AGCO Ltd: (br). New Holland Agriculture: (cl). 101 New Holland Agriculture: (bl, t). 102 Dorling Kindersley: Keystone Tractor Works (cl); Paul Holmes (bc). 102-103 Hagie Manufacturing Company: (tc). 103 Stuart Gibbard Collection: (tr). John Deere: (br). 104-105 Dorling Kindersley: Lister Wilder (b). 105 Dorling Kindersley: Lister Wilder (cr). 106 AGCO Ltd: (cl). New Holland Agriculture: (bl). 107 New Holland Agriculture: (b). 108 Dorling Kindersley: Lister Wilder (b). FLPA: Imagebroker / Imagebroker, Markus Keller (tc). 109 Dorling Kindersley: Doubleday Swineshead Depot (br). FLPA: Imagebroker / Imagebroker, Helmut Meyer Zur Cap (tl). McCauley Trailers Ltd: (c). 112 AGCO Ltd: (bc). Dorling Kindersley: James Rivers (tr, c). 113 AGCO Ltd: (bl). Dorling Kindersley: James Rivers (t). New Holland Agriculture: (br). 114-115 Alamy Images: bronstein (bc). 114 AGCO Ltd: (tr). Max-Holder: (bl). 115 AGCO Ltd: (tr). John Deere: (cr). 116-117 Alamy Images: Micha Klootwijk. 118-119 Alamy Images: Alexey Zarubin (t). 118 Cody Images: (cl). 119 Alamy Images: HOT SHOTS (b). David Parfitt: (cl). 120-121 BAE Systems 2007: (c). 122-123 Alamy Images: P Tomlins. 124 Alamy Images: Ken Howard (cla). 124-125 Alamy Images: Hayden Richard Verry (c). 125 AGCO Ltd: (br). Alamy Images: imageBROKER (tr). 126-127 www.thecoldestjourney.org: (c/all images). 128 Steyr: (bl). 128-129 AGCO Ltd: (c). 129 AGCO Ltd: (cr). Dorling Kindersley: James Rivers (t). Ponsse Oyj: (clb). 130-131 Dorling Kindersley: James Rivers (c). 130 Dorling Kindersley: James Rivers (bl). 131 John Deere: (tl). 132-133 Dorling Kindersley: James Rivers. 134 Alamy Images: picturesbyrob (cla); Robert Shantz (bc). 134-135 Dorling Kindersley: James Rivers (t). 135 Dorling Kindersley: James Rivers (tr, b). 136-137 Alamy Images: Mick House. 139 New Holland Agriculture: (cra).

All other images © Dorling Kindersley
For further information see:
www.dkimages.com